"十二五"职业教育国家规划教材

经全国职业教育教材审定委员会审定

服装色彩

色彩

第五版

郑军　刘沙予◎主编

FUZHUANG

SECAI

化学工业出版社

·北京·

内容简介

《服装色彩》(第五版)通过"项目引领和任务驱动"来凸显服装色彩在服装设计过程中的重要作用,其内容设置包括服装色彩的认知及训练、色彩的基本原理及应用训练、色彩组织及应用训练、色彩的情感与服装色彩意象及应用、服装色彩设计是"以人为本"的再创造、服装色彩的设计方法及应用、流行色在服装色彩设计中的应用、服装色彩的企划过程及应用等八个项目,还附有中国知名品牌服装简介等。本书注重讲述理念性的知识点,图文并茂,突出任务实施过程及综合训练,知识结构直观、明了;突出专业性、职业岗位性。本书有配套的微课、视频、PPT等资源,可登录www.cipedu.com.cn免费下载。

本书为高职高专服装专业系列教材之一,除可作为高职高专服装类专业学生的教学用书外,还可以作为服装类中专、技校学生的教学用书,同时可供服装行业从业人员阅读参考。

图书在版编目(CIP)数据

服装色彩/郑军,刘沙予主编. —5版. —北京:化学
工业出版社,2023.8
ISBN 978-7-122-43450-0

Ⅰ.①服… Ⅱ.①郑…②刘… Ⅲ.①服装色彩-教材
Ⅳ.①TS941.11

中国国家版本馆CIP数据核字(2023)第082043号

责任编辑:蔡洪伟　　　　　　　　　　文字编辑:陈立媛
责任校对:李雨晴　　　　　　　　　　装帧设计:王晓宇

出版发行:化学工业出版社(北京市东城区青年湖南街13号　邮政编码100011)
印　　装:北京缤索印刷有限公司
787mm×1092mm　1/16　印张11½　字数270千字　2023年8月北京第5版第1次印刷

购书咨询:010-6451888　　　　　　　售后服务:010-64518899
网　　址:http://www.cip.com.cn
凡购买本书,如有缺损质量问题,本社销售中心负责调换。

定　　价:58.00元

第五版前言

现代职业教育的培养目标是职业技术技能和职业精神高度融合，以职业岗位群为目标，注重促进学生动手操作能力的提高，突出教学的实践性和可操作性。服装色彩作为服装专业的基础课程，根据"项目课程"的基本要求，通过"项目引领和任务驱动"来凸显服装色彩在服装设计过程中的重要作用。

弘扬中国传统服饰文化是国学中的重要内容。展现文化自信、凸显中国传统服饰色彩审美理念在以"新时代中国特色社会主义思想"为核心的现代化建设中意义重大。为了使课程思政教育与专业课程技能教育有机结合，本书在介绍服装色彩知识的同时，介绍了中国优秀服饰文化和中国传统色彩文化理念，体现了党的二十大报告中的文化自信，有利于培养学生的爱国情怀。

本教材自出版以来，受到相关院校师生、业内人士的一致好评，对于从事服装行业的设计人员具有一定的指导作用。依据"项目课程"的体例，采取了"项目引领和任务驱动"的方式，使各个项目更趋合理化、规范化。本书包括服装色彩的认知、色彩的基本原理、色彩组织、色彩的情感与服装色彩意象、服装色彩是"以人为本"的再创造、服装色彩的设计内容、流行色在服装色彩设计中的应用、服装色彩的企划过程八个项目，二十一项工作任务，八个教学与实践评价作业以及中国知名品牌服装简介等内容。本次修订在保持原基本框架和基本内容的基础上配套了微课、视频、PPT等资源，可登录www.cipedu.com.cn免费下载。本次修订对各项目的学习目标做了细化，补充了课堂互动环节。本着轻理论、重应用的编写理念，力求内容系统而全面，这也是编写者们多年企业实践与多年教学经验的有机结合，具有很强的实用性和可操作性，力求与新工艺、新技术、新理念相结合，方便教师组织相应的实践教学，也利于学生实践技能的培养。

　　本次修订工作由郑军、刘沙予、叶峰、刘蕾完成。其中，项目一、五、六由郑军完成，项目二、三、四由刘沙予完成，项目七由叶峰完成，项目八、附录由刘蕾完成。本教材由郑军、陈文忠统稿。

　　本次修订十分感谢山东岱银集团雷诺服饰公司陈文忠高级技师的参与，其结合服装企业的真实工作场景和案例对各项目的工作任务分析与实施过程给予了指导。

　　期望本教材修订后更能受到广大师生、相关专业人士的欢迎，由于编者水平有限，不足之处在所难免，敬请专家和同行给予指正。

编　者

2023年4月

目录

项目一
服装色彩的认知及训练

学习目标

1.知识目标：通过对服装色彩概述的学习与训练，认知服装色彩的基本概念和特征。

2.能力目标：了解、掌握服装色彩的研究现状。

3.素质目标：通过学习中国优秀的传统色彩文化理念、民族服饰色彩礼仪，加强对现代服装色彩设计的把握和运用。

项目描述

色彩是服装设计中三大要素（色彩、款式、面料）之一，是服装设计的灵魂。纵观古今中外的服装历史演变，色彩在其中扮演了重要的角色，尤其是在现代成衣设计中，人们越来越重视服装色彩对穿着者整体形象的影响。穿着者希望服装能给欣赏者带来冲击力和影响力，彰显自己的个性，从而实现自己的着装目的。梁一儒先生在《民族审美心理学概论》中提到："色彩文化是民族文化中最突出醒目的部分。"可见，要想实现对色彩灵活、巧妙地应用，就必须对其做充分的历史研究和深入的探讨。

本项目重点任务有两项：任务一，服装色彩的基本概念及特性；任务二，服装色彩的研究现状。

任务一　服装色彩的基本概念及特性

任务分析　中国传统色彩文化的基本概念及其含义

服装色彩是服装设计中的重要内容，它是在服装款式和面料的基础上，利用色彩的基本属性、调和对比、色彩的搭配，使服装设计更加完美。它既有形象的直观性，又有审美意识的思维性；既有创作者的主观性，又有色彩原理的客观性。

中国自古就有传统的色彩文化历史，华夏先民观察天地运行、日出日落和时序更迭的自然现象，探寻出青、赤、黄、白、黑为滋生宇宙大地色彩的五种基本色调，从而建构出"五色观"的色彩理论。

自约公元前十一世纪时的周朝开始，人们把色彩分为"正色"和"间色"两类：其中"正色"即前述的青、赤、黄、白、黑五色；而"间色"则由不同的"正色"以不同的比例调和而成，归属为次要的颜色，故又称为"闲色"。战国时期《孙子兵法·势篇》曾指出"色不过五，五色之变，不可胜观也"，意即色彩可千变万化、多不胜数，但始终离不开"五色"。《吕氏春秋》《礼记·月令》等文献记载，五行的金、木、水、火、土分别对应五色的白、青、黑、赤、黄。五色分别代表着东、西、南、北、中五个方向，五色观系统反映了华夏祖先的思维结构、文化内涵及经济领域范畴，是中国古代色彩的重要内容。

中华上下五千年的文明史，谱写了华美的服饰文化乐章。中华文明体系价值观的核心可以用和谐来概括。其中包括人与人之间的和谐、人与自然之间的和谐、人与社会之间的和谐。纵观历朝历代传统服饰的颜色审美取向和价值观，"天人合一"的思想更加丰富了华夏民族的文化内涵。中华传统服装色彩受阴阳五行说的影响，分青、赤、黄、白、黑五种正色，不同朝代崇尚不同的颜色，反映了各个朝代的服饰文化特点（图1-1）。

（a）秦汉服饰淳朴自然，流行玄、赤、白、绿色

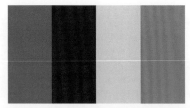

（b）唐代服饰雍容华贵，流行绯红、绛紫、明黄、青绿色

（c）宋代服饰质朴典雅，流行淡红、珠白、淡蓝、浅黄色

（d）元代服饰金光秀丽，流行金、蒙古蓝、灰褐、翠绿色

（e）明代服饰庄重大方，流行大红、宝石蓝、
葡萄紫、草绿

（f）清代服饰百花齐放，流行杏黄、
朱红、天青、苍蓝

图1-1 历朝历代流行服饰色彩

纵观古今中外服装史，服装的概念十分宽泛，不仅包括衣服的内外衣、上下装，还包括鞋、帽、丝带、丝巾、首饰、包等各种服饰配件。在众多的服饰配件中，如何选择适合自己的配件，如何选用适合自己的服装服饰色彩，已成为服装从业者的研究课题。服装色彩设计包括服装色彩的基本原理，色彩的轻重、冷暖、面积、浓淡、鲜灰等；甚至包括有关服装色彩的诸多心理因素，如服装色彩给人的感觉、知觉，服装色彩引发的注意、联想与想象，服装色彩隐含的情感等。

相关知识与任务实施　服装色彩的特性及运用

（一）服装色彩的少色性

在中国历朝历代的服装色彩运用中，男装的常服普遍具有少色性的特点。不像其他绘画艺术那样颜色越丰富越好，少色性服装色彩的设计简洁、明快，一般以不超过三种颜色为宜（如图1-2）。

（a）元代赵孟頫绘苏轼像　　　（b）唐墓壁画中的服饰　　　（c）"意树"民族风现代男士长衫中式长袍

图1-2 服装色彩的少色性

（二）服装色彩的流动性

服装色彩的流动当然不是指颜色在流动，而是指穿着者的着装状态在运动，即服装的T（time，时间）P（place，地点）O（object，场合）原则，是指着装者在不同时间、不同地点、不同场合的着装状态，也就是服装色彩的环境因素在现代服装设计中体现得更加充分（如图1-3）。

图1-3　男装色彩的流动性变化（雅戈尔男装）

（三）服装色彩的气候性

人们着装的颜色会随着气候的改变而变化，目的是让不同颜色的面料反射或吸收阳光，来保护人体。处于热带、亚热带的地域，服装的色彩以浅色、艳色居多；处于温带的地域，服装的色彩多趋向于中明度、低纯度色彩；处于寒带的地域，服装的色彩多趋向于深色调。现代成衣设计中，服装色彩的更替要提前几个季度来预测，制定方案（如图1-4）。

图1-4　服装色彩的气候性（雅戈尔男装）

（四）服装色彩的流行性

服装的"流行"并不是现代时尚的专用名词，在中国历朝历代服饰文化中也曾反复出现，如明末的水田衣在当时就十分流行。"流行性"是现代成衣设计中的重要内容，是人们追求时尚、追求前卫的指南针。流行是有周期性的，一般以10年、5年或更短的时间段为单位，服装色彩更是如此（如图1-5）。

（a）明末时尚无比的拼接服装——水田衣　　　（b）现代品牌服饰波司登的服装流行发布会

图1-5　服装色彩的流行性

（五）服装色彩的立体性

服装色彩是依附于面料之上的，服装是一种"软雕塑"。面料成型后，穿在人体上，利用各种结构造型装饰、图案立体造型，服装色彩也由平面状态转变成立体状态，由原来的一维产生多维立体的肌理变化。因而，服装的色彩美可以从全方位的角度来审视，立体裁剪也是整体、协调观赏服装色彩立体美的方式之一（如图1-6）。

（a）苗族的堆绣工艺　　　　　　（b）现代服装设计中的色彩肌理应用

图1-6　服装色彩的立体性

（六）服装色彩的时代性

古今中外，服装色彩随时代的变化而变化，特别是在封建社会，服装色彩常有浓厚的等级区分，某些固定的颜色成了统治阶级的专用色。当今社会，人们的着装观念彻底改变，服装色彩更是丰富多彩，所以，我们应该用发展的眼光看待服装色彩的变化（如图1-7）。

（七）服装色彩的宗教、礼仪性

宗教与礼仪是社会上意识形态和伦理道德的概念，它们所形成的服装色彩却有严格的厘定和界限。不同地域、不同文化、不同种族、不同信仰的社会群体，对服装色彩的理解也不一致（如图1-8）。

图1-7　中式服装色彩的时代性变化

图1-8　服装色彩的宗教、礼仪性（国家级非物质文化遗产——土族服饰）

（八）服装色彩的民族性

世界各国，民族众多，各民族都有本民族独特的着装方式和服装色彩。自然环境、生活方式、风土人情等方面，潜移默化地影响着服装色彩。只有立足于本民族的服装色彩传统，才能在世界众多民族之中占有一席之地（如图1-9）。

（a）我国藏族服饰色彩艳丽而质朴　　　　　　（b）我国苗族的女装传统服装色彩

图1-9　服装色彩的民族性

课堂互动

（一）简述对中国传统色彩文化的理解及其应用。

（二）试分析中国历朝历代流行服饰色彩，并举例说明。

任务小结

作为一名服装行业从业人员，对服装色彩的把握和灵活运用是最基本的前提。在服装色彩的素材收集方面，虽然在很大程度上凭借感性，但理性的分析与筛选更是我们设计能力的一种表现。服装色彩不同于其他艺术设计领域的色彩，更不同于纯艺术绘画的色彩运用，它虽然没有固定不变的规律，但也有科学性、规律性。只有把人们的审美需求转变为现实，才能使我们观赏美的层次更上一个台阶。

总之，服装色彩设计是服装研究领域和其他设计研究领域交叉的新兴学科，它不仅需要自上而下的历史研究，而且要有自下而上的实践论证，它是人、社会、自然的和谐统一。

三者的关系如图1-10所示。

图1-10　人、社会、自然的关系

知识拓展

色彩是服装设计的重要因素之一。大千世界，五彩缤纷，为设计人员提供了无穷无尽的设计源泉。服装色彩的设计和学习同样涉及诸多内容，除了色彩的基本原理和心理机制以外，还包含政治、文化、地域、社会、民族、经济等要素。服装色彩要结合设计中的其他两个要素，即面料和款式，进行综合设计，既要考虑面料的特性和肌理效果，又要顾及款式的形体塑造。服装色彩还要与人的穿着场合、穿着时间、穿着地点相协调，即充分考虑服装色彩的整体设计。更重要的是，服装色彩要适应市场，市场需求什么样的流行色，我们就应该设计什么样的色彩，否则，服装的色彩与设计会脱离市场。一方面，服装色彩是自然科学的研究范畴，即服装色彩的基本物理性能；另一方面，服装色彩又属于人文科学的研究范畴（如图1-11）。

图1-11　张肇达绘画作品与服装效果图

任务二　服装色彩的研究现状

任务分析　**服装色彩的实用性与创意性**

日常生活中的服装色彩注重的是实用性，强调的是与周围环境色彩的适应、协调。如果在特定的工作环境和场所，穿戴一身得体的服装，会使穿着者显得稳重大方，有气质，有内涵。相反，穿戴不合体、色彩搭配不协调，会给人以不良的视觉印象。可见，服装色彩在现实生活中对人的影响是很大的。从服装心理学的角度来看，穿着者很注意观赏者对色彩的评价和反应，所以，人们要在各种不同的社交场合，根据不同的工作需要，来选择不同的服装色彩。

所谓的创意性是指在实用的基础上利用艺术的、夸张的手法来传达设计意图，以实现所要表达的目的和效果。创意性的服装色彩多出现在时装发布会、时装秀、广告宣传、舞台戏剧服装中，主要是运用色彩的搭配、调和、对比等形式法则，使服装的色彩比日常生活中的服装更加绚丽、引人注目，以达到设计者、生产商引领时尚潮流的目的。创意性的服装色彩设计追求的是设计理念新颖、视觉冲击力强，具有创新性、娱乐性和实时性的特点。

相关知识与任务实施

（一）实用性服装色彩的实施

1.季节方面的体现

一年四季，不同的季节应选择不同的服装色彩。一般情况下，在春季，人们多习惯性地选择与季节相协调的浅色、粉色系列；在夏季多选择明度高的色彩系列；在秋季则宜选择棕色、黄褐色系列，显示出一种收获与成熟的意味；冬季多选择明度低、偏暖的色彩系列。但在经济高度发达的今天，很多服装的色彩搭配已经没有明显的季节区分，"二八月，乱穿衣""穿衣戴帽、各有所好"。人们追求的更多是个性的表现，满足自我实现的需要（如图1-12）。

图1-12　罗峥OMNIALUO欧柏兰奴春夏秋冬系列服装色彩设计

2.品牌服装的商业运作体现

作为商品的品牌服装，无论是在设计过程还是加工过程，都凝聚着设计者和加工者的劳动和心血，服装产品本身就是一件件精美的设计作品。每个季度商家推出的系列产品，都是按照国家标准号型来生产的。一般情况下，每个系列不少于3个号型，每个号型一般不少于3个颜色，目的是让消费者根据自身的色彩喜好来选择适宜的色彩。在超市或专卖店都有不同的挂件与组合，有的品牌服装店面很大，讲究购物环境，每个号型的颜色都有5～6种之多，可以满足不同色彩偏好的消费需求；橱窗设计更不容忽视，它是服装品牌对外展示产品的窗口，是消费者了解产品的时尚前线，例如，国产服饰品牌杉杉FIRS、利郎LILANZ服饰（如图1-13）。

（a）杉杉FIRS门店形象设计展示

（b）杉杉FIRS产品展示设计

（c）利郎LILANZ服饰陈列设计

图1-13　品牌服装展示

（二）创意性服装色彩的实施

1.社会群体性的体现

社会群体性的服装色彩创意多出现在大型活动、集会场景，如我国举办的国际大型运动会的开幕式和闭幕式、歌舞晚会、时装发布会等。活动设有主题，服装色彩的创意要围绕这个主题进行规划、设计。群体性的服装色彩创意一般为大系列的设计，设计者应该具有宏观的色彩组织和调控能力，以便激发参与者和观赏者的参与激情和观赏热情，弘扬中国服饰文化、展现大国文化自信、凸显中国服饰色彩审美的新时代中国精神（如图1-14）。

（a）歌舞《大地情结》服装色彩组合　　（b）文化艺术交融，共建"一带一路"国韵流芳京剧国粹《八仙过海》

（c）中国东方演艺集团舞蹈诗剧，《只此青绿》

图1-14　展现文化自信的社会群体性服装色彩

2.学院风的理念创意性体现

学院风的创意性设计，侧重于艺术效果和思想理念；寻找不同的生命意境，拥有原创的感性与张力。主张"时尚·色彩·材料"相结合，加大主题的延伸性，把方法与创意的结合作为设计的优化元素，配合实验性和先锋理念，强调设计方法的辐射思维、逆向思维形式（如图1-15）。

3.市场运作的宣传性体现

在产品批量化生产的今天，很难仅通过产品的性能和质量来分辨产品的好坏。一件衣服没有经过长时间的试穿，我们很难判断它的色牢度、定型性、耐洗性，越来越多的商家注重产品的包装和宣传，聘请专业的媒体策划公司进行色彩计划和设计，目的是凸显产品的视觉冲击力，让消费者加深印象，扩大产品的知名度。各个服装品牌选定形象代言人就是市场运作宣传的有效方式，即"名人效应"。例如，运动品牌鸿星尔克（ERKE）（如图1-16）。

（a）中央美术学院设计学院设计作品

（b）西安工程大学服装与艺术设计学院设计作品

图1-15　学院风时装秀的创意性服装色彩设计

图1-16 品牌服装的宣传与秀场（鸿星尔克ERKE服饰）

课堂互动

（一）分析国产男、女装品牌的运作模式。

（二）分析男、女装的国潮运动服饰品牌的色彩设计特点及国潮背景下国产运动品牌营销策略。在如今的互联网时代，品牌进行自身价值文化输出的重要手段有哪些改变？

任务小结

服装的两大功能是实用、审美功能。服装色彩是服装设计的主要因素，因此服装色彩的实用性也是最基本的性能。在日常生活中，服装与人的关系最密切，"人生归有道，衣食固其端"，"衣、食、住、行"中"衣"为首，"远看颜色近看花"，可见，服装色彩对人的感官刺激和冲击力是很大的。我们日常生活中的着装种类不同，有职业装、运动装、休闲装等，根据用途不同，它们的颜色也有很大的区别。例如，设计猎装，就要考虑与大自然的色彩相协调；军队的迷彩服，要考虑它的隐蔽性；但有的服装则需要强烈的色彩对比，如消防服、登山服等，颜色很艳丽、很刺眼，这与着装者工作环境对安全性的高要求相一致（如图1-17）。

图1-17 服装的色彩要与着装环境相一致

知识拓展　目前我国服装色彩的大体分布概况

　　我国少数民族众多，服装色彩的分布情况也很复杂。各地男、女的形体气质与生活习性差异甚大，人们对色彩的喜好也不一致。北方人由于气候和天气的影响服装色彩风格偏向冷色系，南方地区的服装色彩风格更偏向于暖色系。我国的纺织服装机构早已建立权威的流行色预测部门，并且要把北京建成世界级的时装之都。从20世纪80年代至今，我国自北向南已自然地形成了以哈尔滨、北京、上海、武汉、广州等各大城市为中心的服装流行与销售网络。以下是我国自北向南服装色彩的大体分布概况。

　　（一）以哈尔滨、大连为中心：以明度适中或偏深的色彩系列居多，如炭灰色、银灰色、紫褐色、钴蓝色、深赭灰色、深驼色等，但也有时尚的鲜亮颜色。

　　（二）以北京为中心：以深灰色、低明度的色彩系列为主，如藏蓝色、深紫色、深驼色、深橄榄绿色等，无彩色黑白灰也居多。

　　（三）以上海为中心：以中明度的色彩系列为主，如银灰色、淡玫红色、淡黄绿色、浅蓝色、赭绿色等。

　　（四）以武汉为中心：以中灰明度的色彩系列为主，如浅玫红色、绿黄色、淡紫色、浅蓝色、浅赭绿色、灰绿色等。

　　（五）以广州为中心：以明度高、纯度高的色彩系列为主，如白色、品红色、粉红色、嫩黄色、淡黄绿色、淡蓝色、浅淡玫红色、浅灰黄色、鹅黄绿色等。

教学与实践评价

　　项目训练目的：

　　通过有关中国传统色彩文化基本概念及特性的任务实施，掌握服装色彩的研究现状，突出服装色彩的实用性与创意性。

　　教学方式：

　　1.教师利用课件进行多媒体教学。

　　2.教师组织学生对项目内容进行课堂互动，并对互动结果给予总结、点评。

　　教学要求：

　　1.掌握中国传统服装色彩的基本特性，弘扬中国服饰文化、展现大国文化自信、凸显中国服饰色彩审美的新时代中国精神。

　　2.搜集国内知名服饰品牌相关资料，写出实用性、创意性服装色彩现状分析的市场调查报告。

　　实训与练习：

　　结合任务二，对所属地域的服装市场、国产服饰品牌进行调研，并进行服装色彩的季节性分析、消费者的爱好与需求分析。

项目二
色彩的基本原理及应用训练

学习目标

1.知识目标：了解色彩生成的自然法则，理解色彩感知的基本原理。

2.能力目标：理解颜色系统的基本原理，掌握蒙塞尔颜色系统对颜色的分类和标示方法。

3.素质目标：通过对色彩基本理论的学习与验证，理解色彩的基本原理，为今后的色彩设计、团队协作奠定相关的色彩理论知识和实践基础。

项目描述

色彩的基本原理是我们进行色彩设计的基础和保障，它包括色彩的自然法则、色彩的感知原理以及颜色系统等内容。同时，为了充分利用各种有色光和彩色颜料，艺术家们长期以来一直在构建能够帮助理解色彩多样性的理论框架，这些理论框架着眼于关于视觉色彩现象与色彩关系的研究。历史上曾经出现过许多试图揭示色彩之间异同关系的学说，也为我们研究和探讨色彩的基本原理提供了强有力的理论基础。

本项目重点任务有三项：任务一，色彩自然法则的认知；任务二，色彩的感知；任务三，颜色体系。

任务一　色彩自然法则的认知

任务分析　色彩感知是自然法则的属性

人类周围的世界是一个丰富多彩、纷繁复杂和永远变化着的世界——光线明暗交织、景色绚丽多彩、物体形状各异等。人类认识外在世界的信息80%是通过视觉提供的。视觉是人的主要感觉来源。视觉器官——眼睛——接受外界的刺激信息，并由大脑对这些信息进行解释，形成外界事物的知觉形象，产生对外界事物的认识。色彩感知的自然法则及属性的学习任务也就变得尤为重要。

相关知识与任务实施

（一）光线色彩

人的视觉系统的适宜刺激是一定波长范围内的电磁辐射。人眼所能看到的这部分电磁辐射叫作光，又叫可见光或光辐射。按波长顺序排列的全部可见光组成可见光谱。但是，要引起人的视觉反应，光辐射还必须达到一定的强度，而且它的作用效果也与人视觉系统的特性有关（如图2-1）。

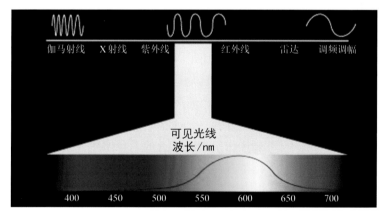

图2-1　电磁辐射与可见光

1666年英国科学家牛顿做了一个实验，他把卧室的窗子戳了一个小洞，让一束阳光进入屋子，然后在光路上放一个棱镜。这时棱镜就把太阳光分散成了彩色光带（日光光谱）。他把光谱投射到屏幕上，这块屏幕上有一条小缝，它只能使一种色光通过，把通过小缝的这种色光投射到白纸上，就得到了一个单色光。移动这块屏幕，就可以观察到通过小缝的各种颜色

的单色光。如果把第二个棱镜再放到单色光的光路上，它就不能再把单色光分散成一条光谱了。而且牛顿观察到：当蓝光通过小缝又通过第二个棱镜时，它所折射的角度较大；而红光通过第二个棱镜时，它所折射的角度要比蓝光小得多。牛顿又用一个透镜把经过第一个棱镜获得的光谱上的各种颜色光聚焦在一个屏幕上，成为一个白色光点，这个光点便是由光谱上所有颜色光重新混合而成的，它和入射的太阳光相同。通过这些实验，牛顿总结出两个结论：①日光是不同颜色光混合的结果；②作为白光成分的单色光具有不同的折射角度（如图2-2、图2-3）。

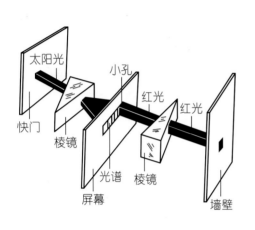

图2-2　棱镜分光实验示意图

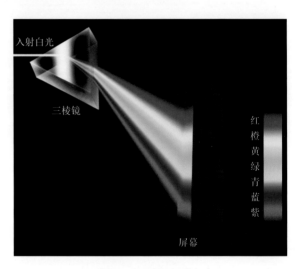

图2-3　日光光谱

　　牛顿又进一步做了颜色光混合的实验。他让日光通过两个棱镜产生两条光谱，在两条光谱前边各放一块开有小孔的挡板，使每条光谱通过小孔射出一种颜色光，再让这两个光束相互交叉。牛顿把一张白纸放到交叉点上，这时白纸的那一点上产生的颜色就是两束颜色光的混合。这种混合的出现是因为光谱上的两个颜色光同时作用在眼睛视网膜上，即叠加在一起产生的，所以这种混合称为相加的颜色混合。牛顿发现，光谱上两种颜色光混合会出现一种新的颜色。例如，绿光和红光混合会出现黄色；黄光和红光混合会出现橙色，而且在光谱上能找到这个颜色，它位于红色和黄色之间。光谱上邻近的两种颜色光混合而产生的新颜色，一般来说处在光谱带上两种被混合颜色光的中间，称为中间色。例外的是，在光谱带上相距很远的两种颜色光混合后所产生的新颜色可能是灰色或白色，牛顿称这种混合色为"淡薄的无名颜色"，或叫作中性颜色。光谱带两端的红光和蓝光混合会出现一个光谱上找不到的新颜色——紫色，叫非光谱色。

　　牛顿把不同颜色的粉末撒在一张白纸上，也获得了和相加的颜色混合同样的结果。近现代网点复制彩色技术就是运用这个原理而产生的。把不同颜色的小点密集地印刷在白纸上，可以获得颜色混合的效果而产生另外一种颜色（如图2-4）。图版是在白纸上印刷了密集的红

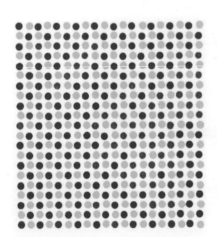

图2-4　颜色混合点（颜色的空间混合）

色和绿色小圆点，如果我们保持一定的距离观察，圆点就看不清了，而圆点的两种颜色却会在视网膜上混合而产生一个中间颜色。这种颜色混合的方法也为彩色电视机所利用。电视机（CRT显像管）的屏幕内涂有密集的红、绿、蓝三色荧光粉，受电子束激发显色，在一定距离观察时，这些色点就会在视网膜上混合产生混合色，如放大镜下的胶版印刷网点（如图2-5）。

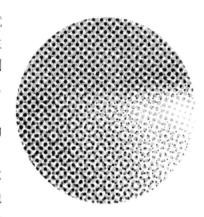

图2-5　放大镜下的胶版印刷网点

在牛顿完成上述实验150年以后，麦克斯威尔（Maxwell）又用旋转圆盘进行了颜色光混合的实验。他把并置有不同颜色的纸盘，放在一个轮子上快速旋转，也得到了颜色混合的效果。其基本原理是：当两个圆盘重合（每个颜色在圆盘上所占的比例可以调节），放在电机上快速旋转，并用白光照射旋转的圆盘时，观察者视网膜上某一点，一瞬间接受红色光部分的光刺激，紧接着又接受黄色光部分的光刺激，由于光刺激消失后眼睛对任何一个刺激的反应都能够维持一段时间，所以红和黄两种刺激的效应便会混合起来。颜色光一经混合，眼睛就无法分辨出其原来的成分是什么了。混合后圆盘的颜色是由参加混合的颜色的扇形比例决定的（如图2-6）。

颜色光混合的另一个特点是色光可以互相替代。我们将一个蓝色灯光和一个黄色灯光同时投射到一块幕布上，可以获得白色。假如我们没有黄色光，而有红色光和绿色光，由于红色光和绿色光混合可以产生黄色光，因此我们就可以用红色光和绿色光的混合来代替黄色光，再与蓝色光混合，同样可以得到白色光。颜色光混合的一个重要原则是：只要是相同的色光，不管它原来组合的成分是什么，在视觉系统上所产生的效应都是相同的。无论是光谱上单色光的混合、印刷密集的色点所产生的颜色混合，还是由快速旋转的色盘产生新的颜色，由于都是不同色彩光线的叠加在人的视觉系统中相互混合而造成的，所以其混合效果基本上是相同的。它们都是相加的颜色光混合方法（如图2-7、图2-8）。

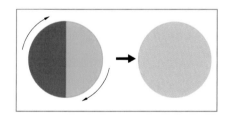

图2-6　麦克斯威尔的颜色混合示意图

图2-7　色光可以相互替代

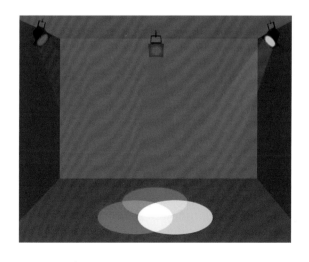

图2-8　三原色光加色混合示意图

在过去，所有关于色光混合的实验都需要将光线重叠地投射在墙壁上，因而作为色彩的基础来源——光，很少成为人们注目的焦点，艺术传媒中对各种光的利用微乎其微。然而在现代科技发达的今天，色光的世界已经成为我们手中散发着光亮的调色盘，人造光线在视频艺术、电脑图像、激光艺术、多媒体和全息摄影术等领域中扮演着重要的角色。彩色显示器、摄像机、数字相机、扫描仪等都工作在基于加色原理的色彩模式下。人们在彩色显示上使用电子电路技术使三基色荧光粉模拟出RGB=1∶1∶1的理想白场环境。在这样无大气干扰境界的RGB平衡环境下，RGB图像能将自然界万物丰富的色彩模拟记录下来（如图2-9、图2-10）。

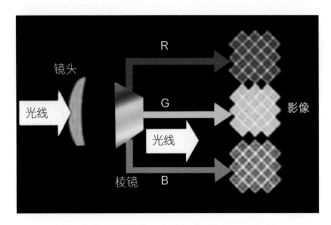

图2-9　基于加色法的数码摄像机成像原理

图2-10　放大镜下的液晶显示屏

（二）物体色彩

在我们周围，每一种物体都呈现一定的颜色。物体表面被观察到的色彩（物体色）所产生的作用和自发光体中被观察到的色光（光线色彩）的作用是不同的。在日光或其他入射光线接触到物体表面时：一部分波长被物体吸收；一部分波长被物体反射；另一部分穿透物体，继续传播。而被反射的波长混合成观察者所能分辨和看到的色彩。所有物体之所以能呈现不同的颜色，是因为组成物体的分子和分子间的结构不同，对入射的可见光谱中的波长进行有选择性的吸收和反射，"吸收"部分色光，也就是减去部分色光。物体的基本颜色特征是固有色，但光源色与环境色的影响使物体表面的色彩丰富多变。在特定的光源与环境下，物体呈现的颜色称为条件色。每一物体的颜色都是物体的固有色与条件色的综合体现（如图2-11）。

（a）

（b）

（c）

图2-11　物体对色光的吸收与反射

在光的照耀下，各种物体都具有不同的颜色。其中很多物体的颜色是经过色料的涂、染而具有的。凡是涂染后能够使无色的物体呈色、使有色物体改变颜色的物质，均称为色料。色料可以是有机物质，也可以是无机物质。色料有染料与颜料之分。色料和色光是截然不同的物质，但是它们都具有众多的颜色。

印染染料、绘画颜料、印刷油墨等各种色料的混合或重叠与光的混合属于不同的过程，它们的混合都属于减色混合。黄色光与蓝色光混合产生白色，是两种波长的光线同时作用到视网膜上的相加过程。而黄色和蓝色色料混合则不会产生白色，而产生绿色。因为黄色色料主要反射光谱上黄色和邻近的绿色的波长，而吸收蓝色和其他各种颜色光，是一种相减过程；蓝色色料主要反射蓝色和邻近的绿色的波长，而吸收黄色和其他各种颜色光，这也是一种相减过程。当黄色与蓝色色料混合时，二者都共同反射绿色带的波长，其他波长或被黄色色料吸收，或被蓝色色料吸收，所以混合的结果是绿色。当两种以上的色料相混或重叠时，相当于照在上面的白光中减去各种色料的吸收光，其剩余部分的反射光混合的结果就是色料混合和重叠产生的颜色（如图2-12）。

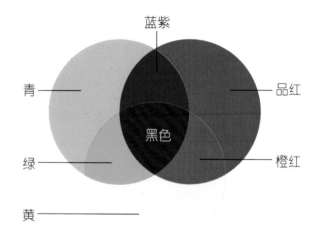

图2-12　三原色料减色混合示意图

从色料混合实验中人们发现，能透过（或反射）光谱较宽波长范围的色料青、品红、黄三色，能匹配出更多的色彩。在此实验基础上，人们进一步明确：将青、品红、黄三色料以不同比例相混合，得到的色域最大，而这三种色料不可能通过其他色彩混合而得到。由于这种特性，它们被定性为色料中的原色（一次色）。在色彩设计和色彩复制中，有时会将色料三原色称为红、黄、蓝（R、Y、B），这里的红是指品红（洋红），而蓝是指青色（湖蓝）。将这三种颜料按不同比例混合，理论上讲可以混合出一切颜色。每两种色料原色混合可以生成色料的三间色（二次色）：橙色、绿色和紫色（也称为蓝紫色）。这些间色与其相接近的原色混合会产生复色：红紫色、红橙色、黄橙色、黄绿色、蓝绿色和蓝紫色。如果我们从三原色开始进行混合，则会得到三种间色和六种复色，共计得到十二种色彩（如图2-13）。

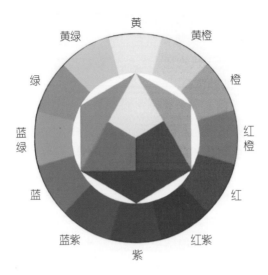

图2-13　通过三原色料混合得到间色、复色

（一）光线与色彩的关系是如何界定的？

（二）如何理解物体对色光的吸收与反射？

任务小结

　　事实上，经过慎重选择的三种色光——绿色、蓝紫色和橙红色的不同混合能够生成人眼所能分辨的大部分颜色，但是却没有任何色彩的混合能够生成这三种色光，所以它们被称为原色。任意两种原色光交叠混合所生成的色彩：黄色、青色和品红色被称为间色。在色光混合中，间色的亮度要比原色的亮度高很多。白色是三原色光（RGB）在适当程度上混合而成的，黑色则是所有光线缺失而产生的。

　　三原色料可以混合出各种颜色，这是绘画或印刷中，用少数几种色料调制出各种色彩的理论依据。尽管很多色彩理论都指出所有的色彩都可以通过三原色的混合得到，可在实际生活中很多颜色是不可能通过这种混合而获得的。比如，在绘画的混色过程中，利用三原色来获得所有的色彩是不可能的；虽然有着先进印刷技术的帮助，可是任何一本书中的图片色彩仍然不能被称为是100%的精确。事实上，光线三原色理论要比色料三原色理论在现实中真实得多。

知识拓展

　　电脑技术的存在为美学领域的探索展现了一个能够进行各种快速、准确混色的世界。在计算机图形中，色彩最浅的部位，是光线最集中的区域；色彩最深的部位，是光线最为分散的地方。夺目的黄色是经过混色而成的。如果以极近的距离，仔细观察电视机或电脑的屏幕，你会发现黄色是由一系列并置或重叠的橙红色和绿色的光点结合而成的（如图2-14、图2-15）。

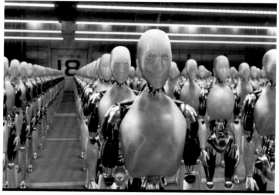

图2-14 基于电脑技术的数字化电影作品

色料混合种类愈多,白光中被减去即吸收的光越多,相应的反射光量也越少,最后将趋近于黑浊色(如图2-16)。

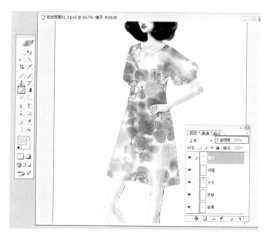

图2-15 计算机辅助服装色彩设计

图2-16 色料是减色混合

任务二 色彩的感知

任务分析 **人眼的视觉特性**

在国家标准GB/T 5698-2001中,色的定义为:光作用于人眼引起除空间属性以外的视觉特性。根据这一定义,色是一种物理刺激作用于人眼的视觉特性,而人的视觉特性是受大脑支配的,同时也是一种心理反应(如图2-17)。

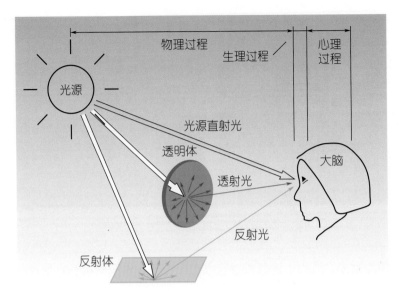

图2-17　人类色彩感知过程

　　人们所看见的色彩并不是简单的有着不同波长光线的物理作用，而是人类的感知系统对视觉刺激所做出的复杂反应的结果。对于人类色彩感知过程的科学解释，目前还处于一个非常初步的阶段。

　　外部世界的颜色不是像彩色的电影被投射在空白的银幕上那样投射到人类头脑中来的。我们所见到的图像（色彩）是通过光线形式传送的刺激能量在我们大脑中引起的主观感知。色彩是一种光的脉冲，刺激了我们内部的光明、黑暗和色彩世界。当做梦时，我们"看见"的图像和景色就是我们的内部色彩感觉所创造的。除梦之外，在有意识的时候所产生的心理图像——包括回忆中的地方或人，以及都曾有过的幻想，也都是有色彩的。很多人对色彩的感知并不只限于视觉，他们甚至可以通过听觉和触觉来感知色彩的存在。不管是由梦、幻想，还是外部世界的光线所引起的色彩感知，我们看到的所有色彩都是内部的生物色彩，是人类内部感觉的组成部分。

　　眼睛的视觉是一个构建过程，眼睛对于接收到的信息需要做出反应，但大脑并非被动地记录进入眼睛的视觉信息，而是主动地寻求对这些信息的解释，才能形成诸如色彩、深度、形状、运动、体积、质地等基本的视觉感受。

相关知识与任务实施　　知觉上的色彩

　　我们在某一物体表面所看到的色彩并不仅仅取决于这个表面本身的物理刺激，还取决于同一时间呈现在它周围的色彩。物体本身的色彩和它周围色彩的相互作用，能影响被看表面的色相、明度、饱和度和冷暖（如图2-18～图2-20）。被看的色彩向它周围色彩的对立方向转化，即向周围色彩的补色方向变化的现象，叫作色彩的同时交互作用或色彩对比（色彩的同时对比作用）。例如，红色背景上的灰方块被看成是浅绿色的；反之，绿色背景上的灰方块被看成是浅红色的。被看色彩很少会向与周围色彩一致的方向变化。当在一个颜色（包括灰色）

的周围呈现高亮度或低亮度刺激时，这个颜色就向其周围明度的对立方向转化，这叫作明度对比。例如，白背景上的灰方块呈浅黑色，而黑背景上的灰方块则呈白色。上、下、左、右的环境是色彩感觉中最具影响力的参考因素。同一色彩范本，放在不同的参照环境中看，就有明、暗、鲜、灰的差别（如图2-21～图2-23），围巾、腰带、毛衣配上某个颜色的衣服会显得花哨而刺眼，配上另一个颜色的衣服就会显得美观大方。时装、纺织品设计、广告设计等领域的设计艺术工作者不断面临色彩关系巧妙平衡的问题。

图2-18　中间的两个小色块物理刺激值完全相同，但是由于
相邻颜色不同，左侧的看起来偏红，右侧的偏青

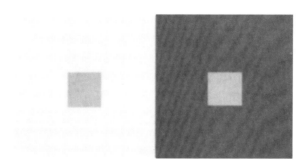

图2-19　中间的两个小灰色块物理刺激值完全相同，浅灰背景下的
看起来要比深灰背景下的深暗

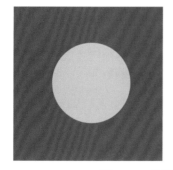

图2-20　物理刺激值相同的三个圆形色块，由于背景色不同，
看起来左侧的明亮，右侧的深暗，中间的偏暖

图2-21 红、绿、蓝的物理刺激值不变，在色彩同时对比作用下呈现出不同的色感

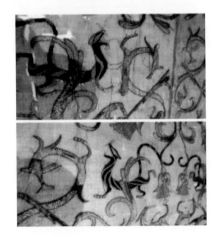

图2-22 汉代丝绸/龙凤虎纹绣罗，使用相同的色彩纹样，给人以华丽神奇之感

图2-23 明代丝绸：百衲织物丰富的色彩变化因重复使用几种相同的色彩而造就

对比效应在视觉中有重要的作用。人们往往会说一个黑色物体没有光，实际上这种说法是不对的。因为物体被看成黑的还是白的，往往并不取决于它反射到眼睛里的光的数量，而取决于它和背景所反射的光的相对数量，即对比因素。一块煤在阳光下单位面积所反射的光可以比一张白纸在暗处高1000倍，但我们却把煤看成是黑的，而把纸看成是白的。这说明我

们把一个物体的颜色看成是白的、灰的还是黑的，是由这个物体与周围物体的相对明度关系决定的。同样，在同时对比的作用下，每一个号称中性的灰都会带有某种色彩倾向，从而产生彩色的感觉。如果收集起各种白色的话，你会发现它们都是带有彩色倾向的，一些倾向于黄，一些倾向于蓝。同样，各种各样的黑色也是如此。因此，色彩感觉可以说是对整个环境关系的感觉，环境情况层出不穷，但它们的相互关系始终不变，色彩是各种对比和人的知识经验等共同作用的结果。

当光源的光谱成分发生变化时，人们周围物体的颜色在一定程度上看起来却保持不变，色彩知觉的这种特性称为色彩恒常。例如，室内不管由白炽灯的黄光或由荧光灯的偏蓝色光照明，甚至戴上有色眼镜，书页纸看起来都是白色的。这说明人眼所看到的物体表面的颜色，并不完全取决于刺激的物理特性和视网膜感受器的吸收特性，也受周围参照物的影响。在人的大脑视觉皮层存在着某种感知系统，与眼部视网膜上的色彩感应系统相呼应，起着比较物体自身和物体周围色彩信息的作用。可以说色彩感觉关系的本质是在整体比较中做出判断和调整。初学绘画的人往往不理解这一本质，代之以色彩恒常性为基础的色彩（往往是固有色，甚至是概念色，比如用绿色画草、用蓝色画水等），尽管每种选择并没有错，但其结果既不协调又不可信。色彩恒常性在孩童时代就被一再灌输：彩色图画书、彩色识字卡的内容以及成人们的叮嘱——把树涂成绿颜色，把天画成蓝颜色，把汽车涂成红颜色。学生们因此不再对视网膜上的色彩刺激敏感，他们对周围环境的实际色彩的感受受到了抑制，总是把物体看成预期的颜色，具体而鲜活的色彩变成了分类命名后的概念色（如图2-24）。

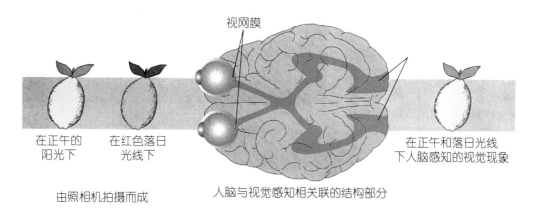

视网膜

在正午的
阳光下　　　在红色落日
　　　　　　光线下

由照相机拍摄而成

人脑与视觉感知相关联的结构部分

在正午和落日光线
下人脑感知的视觉现象

图2-24　在白色日光中表现出黄色的柠檬，在红色日光中仍然表现出黄色
（这是因为它周围的一切色彩也以同样的程度靠近了红色）

当人们盯着一种色彩看时，就会在头脑中诱导产生另一种色彩映象，叫作后像（余像），当我们目不转睛地盯着一个蓝点看上30～50s，然后转而注视一张空白的纸时，就会看到一个黄色的后像。同样，目不转睛地盯着黄色看上一会儿，会看到紫色的后像。这种后像现象也被称为连续对比（如图2-25、图2-26）。后像现象经常发生在我们的视觉感知中，但很多时候我们可能意识不到。如果你对一位穿着艳丽的人注视几分钟，你会发现在你将视线移开之后，视觉中会出现以类似于补色形式出现的"他/她"的身影。

图2-25　黑色的后像

开始时盯着左面黑色圆约30s，然后将视线移至右侧方框的白色区域，出现的后像是像黑圆一样大小的明亮的白色圆形

图2-26　彩色的后像含有色相

开始时盯着蓝色约30s，然后将视线移至右侧方框的白色区域，出现的后像是黄色圆形

　　连续对比这种现象的结果是每一种色彩都能使人联想到另一种色彩，直到所有光谱色循环一遍。紫色的刺激可使我们看到绿色的后像，绿色的刺激可使我们看到红色的后像，红色的刺激又可产生蓝绿色的后像，蓝绿色又会产生橙色的后像，橙色最终又产生了比原先整个循环中更淡的蓝色。这些后像颜色与光谱色有非常接近的关系，但是作为生物体内部的色彩形式出现的。和静态关系的色相环上的补色对比相比较，后像色彩以非常强有力的方式在互相增强。比如，在一个蓝的底色上，一小点的黄色就会产生剧烈的颤动，因为黄色是蓝色的后像——在某种意义上蓝色产生了黄色。但是，在一个黄的底色上，一小点蓝色就不会产生相同的颤动性，因为黄色往往产生紫红色作为它的后像。同样，在一个紫红底色上的一小点黄色不再像绿色那样艳丽——因为紫红色需要绿色作为它的后像。以此类推，绿底上需要一小点红色，红底上需要一小点蓝绿色，蓝绿的底上需要一小点橙色（如图2-27～图2-29）。

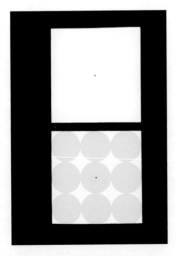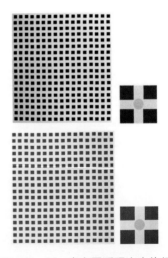

图2-27　此图集中表现了物体、眼睛和
大脑的交互作用

如果注视黄色圆圈中心的小黑点30s，再将视线突然转移到白色方块中心的小黑点，得到的不仅仅是明亮的蓝紫色圆形图案，还有更显著地出现在圆形图案之间的黄色钻石形图案

图2-28　图-底交界浮现出来的幻象

一个无色灰方块上布满了更小、更暗的网格，如果眼睛紧盯着小格子的交界处看，会注意到明度介于图、底之间的圆形灰色块幻象浮现出来。用两种色彩代替无彩色，图-底交界浮现出来的幻象明度介于两者之间，色相结合了浅蓝色和橙色

图2-29　在注视这几幅作品一定的时间后，彩色的视觉幻象会随之出现

课堂互动

（一）制作如图2-20的物理刺激值相同的三个圆形色块，比较一下三个圆形的变化。

（二）制作如图2-29的黑白作品，感受彩色的视觉幻象。

任务小结

眼睛不是一个无声的机械装置，绝不像照相机镜头的能力那样平常，它是一个连接内外两个世界的感受器官。眼睛的所有作用就是有意图地探索：在观看时，眼睛竭力地找出一个物体的轮廓和形状（色彩则会在我们没意识到的时候就已经作用于我们的感觉），为的是判断它是否具有威胁，它或是一件有用的工具、一个障碍物、一样美丽的东西、一件喜爱的物品，或是一样无关紧要的物体等。进入视野中的每一个物体总是不时地被注意和扫描着。对物体是否要加以进一步的注意，取决于观者当时的需要以及他对物体价值大小的衡量。

从种种色彩视觉现象来看，光线的刺激因素还决定不了色彩知觉，视网膜的作用不过是复杂的内在情况的起点罢了。我们把色彩的感觉与知觉作为人心理过程中认识过程的一部分来看待更为合理。

知识拓展　人类的眼睛

人类视觉的基本功能是感受外界的光刺激。人的眼睛是一个直径大约23mm的球状体（如图2-30）。眼球的正前方有一层透明组织，叫角膜，光线从角膜进入眼内。虹膜中央有一圆孔，叫瞳孔，瞳孔能够扩大和缩小以调节进光量。晶状体起透镜的作用，保证视像聚焦在视网膜上形成清晰的映象。视网膜位于眼球后部的内层，是眼睛的感光部分，有视觉感光细胞——锥体细胞和杆体细胞（如图2-31）。锥体细胞主要集中在视网膜的中央部分，即中央凹；而杆体细胞则主要分布在视网膜的外周部分。这两种细胞在视觉中的作用是不同的。锥体细胞的视敏感度非常高，能够分辨颜色，即在较高照度水平下，视网膜中央的锥体细胞能感觉红、绿、蓝三种色光；而杆体细胞不能分辨颜色，它对不同波长的光只能感觉到明度的

服装色彩

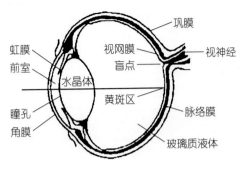

图2-30 眼睛断面图

差别，而无色彩的差别。在光线到达锥体细胞和杆体细胞之前，它必须穿过一系列细胞神经层。只有大约20%到达视网膜的光线被具有光敏度的锥体细胞和杆体细胞所接受，而80%左右的光线不会被人眼看到。落在中央凹约3度视角这一小区域的光线给予视觉最为强烈的色彩感，这意味着我们只能在人眼正前方很小的范围内感知到最精确的色彩。当我们观看作品细节时，会不自觉地移动眼球直到所研究的细节部分落入视网膜的中央凹。视网膜边缘的杆体细胞主要在黑暗条件下起作用，同时还负责察觉物体的运动。值得一提的是，当我们欣赏视觉艺术作品时，眼进行一种注视式的活动，所以作品的面积大小在欣赏中也相当重要。

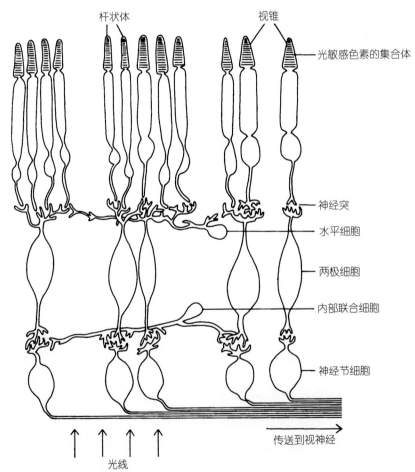

图2-31 锥体细胞和杆体细胞

　　人眼视网膜大约有650万锥体细胞和1亿杆体细胞，通过视神经与大脑进行沟通和交流。两眼所获得的信息被传送到大脑两侧不同的区域内，通过大脑将所有的信息综合之后得到一幅完整的图像。对这一复杂的过程我们目前还面临着很多未知。

任务三　颜色体系

任务分析　颜色体系与色彩视觉三特征

在人们认识周围世界时，颜色视觉给人们提供了外在世界更多维量的信息，又使人获得了美的感受。颜色视觉既来源于外在世界的物理刺激，又不完全符合外界物理刺激的性质，它是人类对外界刺激的一种独特的反映形式。颜色视觉是客观刺激与人的神经系统相互作用的结果。一定波长范围的电磁波作用于人的视觉器官，经过视觉系统的信息加工而产生色彩视觉。

颜色视觉有三种特性，每一种特性既可以从客观刺激方面来定量，也可以从观察者的感觉方面来描述。描述客观刺激的概念叫心理物理学概念，描述观察者感觉的概念叫心理学概念。

表示光的强度的心理物理学概念是亮度（luminance）。所有的光不管是什么色相，都可以用亮度来定量。与亮度相对应的心理学概念是明度（brightness）。

表示颜色视觉第二个特性的心理物理学概念是主波长（dominant wavelength），与主波长相对应的心理学概念是色相（hue）。光谱是由不同波长的光组成的，用三棱镜可以把日光分解成光谱上不同波长的光，不同波长所引起的不同感觉就是色相。例如，700nm光的色相是红色，579nm光的色相是黄色，510nm光的色相是绿色等。正常眼睛能辨别出的光谱上的色相可达一百多种。若将几种主波长不同的光按适当的比例加以混合，则能产生不具有任何色相的感觉，也就是白色。事实上，只选择两种主波长不同的光以适当的比例加以混合，也能产生白色。这样的一对主波长的光叫作互补波长。例如，609nm的橙色和492nm的蓝绿色是一对互补波长，575.5nm的黄色和474.5nm的蓝色也是一对互补波长。一对互补波长的色相叫作互补色。

颜色视觉第三个特性的心理物理学概念是色彩纯度（purity），其对应的心理学概念是饱和度（saturation）或彩度（chroma）。纯色是指没有混入白色的窄带单色刺激，在视觉上就是高饱和度的颜色。由三棱镜分光产生的光谱色，如主波长为650nm的颜色光是非常纯的红光。假如把一定数量的白光加入这个红光里，混合的结果是产生粉红色。加入的白光越多，混合后的颜色就越不纯，看起来也就越不饱和。光谱上所有的光都是最纯的颜色光。

光刺激的心理物理学特性可以按亮度、主波长和纯度加以确定。这些特性又分别同明度、色相和饱和度（彩度）的主观感觉相联系。颜色可分为有彩色和无彩色（黑、白、灰）。如果一个光刺激没有主波长，这个光就是非彩色的白光，它没有纯度。然而，所有视觉刺激都有亮度特性。亮度是彩色刺激和非彩色刺激的共同特性，而主波长和纯度表示刺激是彩色的。表2-1表明了这些关系。

表2-1　光刺激的心理物理学特性与其相关因素之间的关系

颜 色 类 别	心 理 物 理 量	心 理 量
无 彩 色	亮 度	明 度
有 彩 色	主 波 长	色 相
	纯 度	饱和度、彩度

相关知识与任务实施

（一）平面颜色图

牛顿通过颜色混合的实验证实，一些颜色相混合可以产生新的颜色，某些颜色相混合可以产生中性颜色，还有一些颜色相混合可以产生非光谱色。他想用一个简单的模型把所有这些事实都概括进去，于是就创造了第一个关于颜色之间关系的颜色圆环（如图2-32）。牛顿的颜色圆环是一个用来表达颜色混合各种规律的示意图。圆环的圆周代表色相，圆环的中心代表白色——这是因为所有的颜色都被混合在一起了。他把圆周分成7个部分，这7个部分包括他在光谱带上所看到的基本颜色以及非光谱色，即红、橙、黄、绿、青、蓝、紫。牛顿认为这7个部分相当于一个音程中的

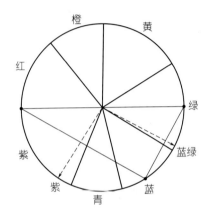

图2-32　牛顿的颜色圆环

7个音调。这样一个封闭的圆环模型，能使相似的颜色彼此靠近，可用来定性地预测各种颜色光相混合的结果，并能将由颜色混合而产生的非光谱色也表现出来。牛顿将注意力集中在光学现象上，而不是视觉色彩方面。这是最早的关于颜色圆环（色相环）的色彩理论，作为对不同颜色间关系的一种较为准确的解释，至今仍被很多美学理论家所采用。此后，德国文学家歌德从视觉现象出发，提出了他的色相环和颜色三角理论，用以证明颜色之间的视觉关系（如图2-33）。

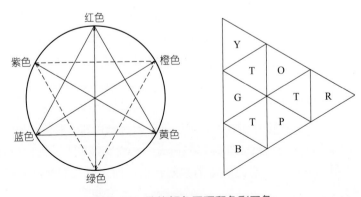

图2-33　歌德颜色圆环和色彩三角

画家龙格第一次尝试建立三维颜色立体模型，曾任包豪斯设计学院教授的伊顿采纳并调整了这一颜色模型。既是科学家又是艺术家的奥格登·洛德，对色彩的视觉作用进行了深入广泛的研究。他确定了区分不同颜色的三类主要变量：纯度（饱和度）、亮度（明度）和色相。通过一系列艰苦的实验，他证明了色料可以在视觉上混合生成某种明亮的混合色，就如同光线混合所能产生的结果一样。他在《现代色彩论》中写道："钴蓝色和铬黄色线条并列能够生成白色或黄白色，但是不会出现绿色的痕迹；鲜绿色和朱红色在同等情况下则能提供暗黄色；而深蓝色和朱红色则会生成深红紫色。这种方法是艺术家们唯一能够实际用来混合不是单纯色料的光线色彩。"

（二）颜色体系

用一个二维平面图形只能表示出颜色的色相和饱和度的各种关系，而不能表示颜色间的明度关系。为了表示颜色的三种特性——明度、色相和彩度，就必须建立一个立体模型，这个立体色模型称为颜色体系。

许多国家按自己的颜色理论编制了各种颜色体系模式和标准实物样品，常用的有国际照明委员会（CIE）颜色系统等。这些颜色体系广泛应用于国民经济的各方面并成为其国家进行颜色定量管理的基础，在颜色信息交流方面起着重要作用。我们对国际上常用的蒙塞尔颜色体系、CIE色度学体系和中国颜色体系加以介绍。

在洛德研究的基础上，颜色标准化专家艾伯特·蒙塞尔更强调在观察得到的色彩作用事实结论基础上建立精确的逻辑理论，他在发明一种能够用于学校儿童教育的简单色彩理念的支配下，发展出了一套相对精确的颜色分类描述法。这一理论第一次出现于他1915年出版的《色彩图谱》一书。

蒙塞尔使用了三个变量（色相、明度和饱和度）来描述色彩的变化，将这三个变量分别置于三个轴上，就形成了色立体（如图2-34）。

明度变化用纵轴表示，位于色立体的中心。最上方是最明亮的白色（用10表示），而最下方是黑色（用0表示），从黑到白之间，以等明度差顺序配置成九个灰色，1至9编号分别表示黑、白之间不同的明度等级。其中1、2、3为低明度色域，4、5、6为中明度色域，7、8、9为高明度色域。

色相分布在圆周上，蒙塞尔背离了传统的三原色学说，他认为绿色、蓝色、紫色、红色和黄色是颜料的五原色，相邻两个原色相混合又生成五个间色——橙色、绿黄色、蓝绿色、紫蓝色和红紫色，加上五原色共有十种主色相，把这十个主色相按圆周形式进行排列得到十色相环。在这些主色相之间存在着众多的中间色相，为了做更细的划分，把每个主色相再分成10个等级。以红色（R）为例，用1至10的数字分别

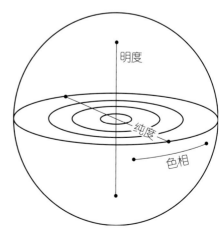

图2-34　三种特性决定色彩在空间中的位置

表示将红色细分后的十种中间色相，其中5R代表红色的中心。其他9个主色相都依此类推进行细分，一共能表示100个色相（如图2-35）。

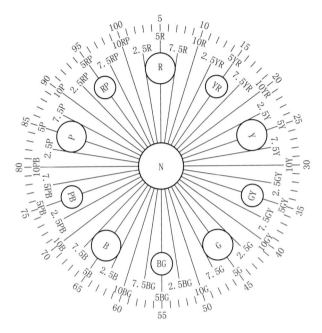

图2-35　蒙塞尔色相圆环

　　水平方向用以表示饱和度的变化，即通过在相同明度条件下每一色相的饱和度等间隔地从中性的灰色过渡到最高饱和度来体现，这实际是色相与饱和度相结合，即色度的变化。离中心轴越远的颜色越饱和，反之，则越灰暗（如图2-36）。把无彩色的纯度记为0，用0、1、2、3……表示从灰色趋向于饱和色的纯度阶梯。蒙塞尔以颜色知觉为基础，认为每一色相从中性的灰色等间隔地过渡到最高饱和度所组成的纯度阶梯数目是不同的，而且每一个色相在最高饱和度时所对应的明度基数也是不同的。因此表示纯度阶梯的数因视色相或明度的不同而各不

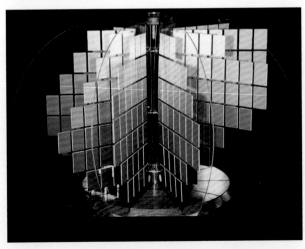

图2-36　蒙塞尔色立体模型试图体现色彩饱和度在明度保持不变的情况下，沿水平方向发生的渐变
这一渐变是以垂直轴为中心，越远离中心，饱和度越高

相同。比如，纯度最高的红（5R），对应明度4，饱和度阶梯一直延伸至14；绿色（5G），对应明度5，最高饱和度只能达到8；由此造成了色立体形状的不规则（如图2-37）。

蒙塞尔色立体模型给予反映三个变量变化的每一个方向一个特定数值，特定数值取代了那些不严密的主观色彩流行名称，在色立体中色相秩序、纯度秩序、明度秩序都组织得相对精确、严密。蒙塞尔系统是从视觉心理的角度，根据人的视觉特性以等间隔的方法对颜色进行分类和标定的。蒙塞尔色立体模型建立了一个标准化的表色体系，这给色彩的交流、使用和管理带来很大的方便。蒙塞尔色立体指示着色彩的分类、对比和调和的一些规律，对于色彩的整理、分类、表示、记述以及色彩的观察、表达或有效应用，有很大的作用，能在一定程度上帮助人们丰富色彩词汇，开拓新的色彩思路。

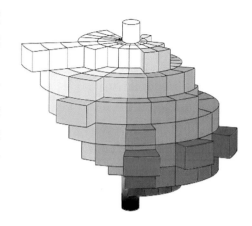

图2-37　蒙塞尔色立体表面呈不规则形

蒙塞尔颜色体系被用于印刷、染色和摄影等行业的各种彩色产品及相应标准，在业界普遍流通的"色卡"（如图2-38），许多就是依据蒙塞尔颜色体系标准设计的。

目前在中国市场上，纺织、印刷、印染、多媒体显示等行业逐步完善了颜色统一的色彩标准，PANTONE颜色体系、PCCS颜色体系、NCS自然颜色体系，以及由中国纺织信息中心等机构研制的CNCS颜色体系等在企业都有不同程度的使用。

图2-38　PANTONE服装、家居行业用色卡

当代的设计师们经常会被要求提供使用电脑科技而获得的精确的配色效果。电脑科技早已应用于服装设计、纺织印染领域（如图2-39）。数字化的色彩生成原理、色彩选择、调和、使用与管理是很多设计师必须面对的课题。数字色彩的基础建立在现代色度学之上，是加色模式，其涉及的技术标准、色彩模型、颜色区域、色彩语言等与蒙塞尔色表系统有很大的不同，因此我们还必须了解加色的颜色体系。目前应用最为广泛、最为权威的

图2-39　电脑配色用于织物的印染

是国际照明委员会（CIE）表达和测量色彩体系的理论和方法，简称CIE颜色系统。

一位有着正常色彩分辨力的人，可以分辨出可见光谱中约150种不同的色彩，人类的眼睛实际上能够辨别出的色彩是这150种不同光谱色的明度和饱和度的差额乘以公因数，即大约700万种不同的色彩。现在桌面电脑系统就能够轻易地生成拥有1670万色彩的调色板，这远远超出了人眼的分辨极限。电脑显示器的色彩再现是建立在红（R）、绿（G）、蓝（B）三原色光加色的基础之上。与同类的减色媒介相比——比如手绘或印染、印刷——会有较高的色彩饱和度。

根据加法三原色原理，任何一种色刺激都可用红（R）、绿（G）、蓝（B）三种色光混合得到。当选定了R、G、B三种色光后，任一颜色都可以用这三种色光的刺激量作唯一的描述。所选定的R、G、B三色光就是一套表示颜色的参考体系，称为参考色刺激。1931年，CIE将三参考色刺激定为700nm（R）、546.1nm（G）、435.8nm（B），通过光谱三刺激值计算光谱色度坐标$r(\lambda)$、$g(\lambda)$、$b(\lambda)$，绘出了色度图，这就是1931 CIE-RGB系统色度图。所形成的表色系即1931 CIE-RGB表色系，简称RGB表色系。

国际照明委员会所制定的表色系，目前为止共有十多个（如图2-40～图2-43），它们环环相扣、关系密切。CIE依据匹配一个颜色时混合三原色的相对量建立的CIE色度学参数，可以用于颜色标注，这种方法获得了广泛的应用。当几束色光混合时，可以用CIE色品图的图解法预计混合光的颜色，这成为现代设计软件进行色彩描述的基础。由于CIE测量系统是建立在光线波长的基础之上的（而不是实际的颜料合成基础上），就不需借助色样的控制作用进行操作，当混合颜料或颜色膜随时间老化时，可以用色度图了解它们的色调和纯度的变化，再进行制作，而且这一事实的存在意味着同种颜色可以通过各种不同的形式混合而成，这对生产企业意义重大。更重要的是，CIE色品图已成为联系各种色序系统（颜色空间、颜色模型）的桥梁，因为许多色序系统的颜色标注可以通过换算为CIE的参数而互相联系起来。CIE的三刺激值和色差公式广泛地应用在颜色测量的仪器中。

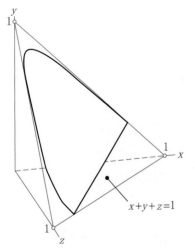

图2-40　CIE-*xyz*表色系中所有颜色向量组成了 $x > 0$、$y > 0$ 和 $z > 0$ 的三维空间第一象限锥体

取一个截面$x+y+z=1$，该截面与三个坐标平面的交线构成一个等边三角形，每一个颜色向量与该平面都有一个交点，每一个点代表一种颜色，它的空间坐标（x, y, z）表示为该颜色在标准原色下的三刺激值，称为色度值，色度图能把选定的三基色与它们混合后得到的各种色彩之间的关系简单而方便地描述出来

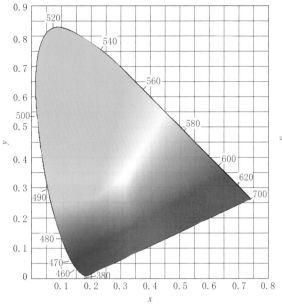

图2-41　典型CIE色度图

马蹄形轮廓线代表所有可见光波长的轨迹，即可见光谱曲线。沿线的数字表示该位置的可见光的主波长。中央的白点对应近似太阳光的标准白光。红色区域位于图的右下角，绿色区域在图的顶端，蓝色区域在图的左下角，连接光谱轨迹两端点的直线称为紫色线

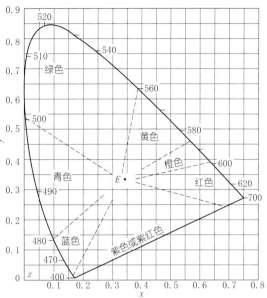

图2-42　1993 CIE-xyz色度图

注意那些在色度图中被某些波长所覆盖的区域，特别是蓝色和绿色的区域，它们的面积要远远大于黄色、橙色和红色区域。这是因为色度图的形状是以色彩的可视度或人眼的光谱感应曲线作为基础设置的。当我们仔细观察一个明亮的可见光谱时，可以清楚地看到，光谱以红光为一端，紫光为另一端，其间呈现出各种不同的颜色；同时，光谱各部分明亮程度看起来也不一样，其两端要比中间的黄绿色光看起来暗得多，即色彩的可视度在逐步向光谱两端靠近的过程中大幅度地下滑。这说明，不同波长的光能引起不同的颜色感觉，人眼对不同波长的光的感受性也是不同的

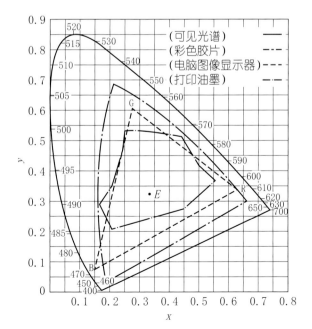

图2-43　CIE色度图有很大的实用价值

任何颜色，不管是光源色还是表面色，都可以在这个色度图上标定出来，这就使颜色的描述简便而准确了。在实际应用中，如彩色电视、彩色摄影（乳胶处理）或其他颜色复现系统都需要选择适当的红（R）、绿（G）、蓝（B）三基色，用来复现白色和各种颜色，所选定的红、绿、蓝在色度图上的位置形成一个三角形

课堂互动

（一）如何理解光刺激的心理物理学特性与其相关因素之间的关系？

（二）颜色体系是如何建立的？

任务小结

如前所述，颜色是外界光刺激作用于人的视觉器官而产生的主观感觉。物体有重量、大小等特性，且这些特性各有其度量的单位。颜色是否像其他物体的特性一样，也能够被测量，并有其测量单位呢？要回答这一问题，就需要找出各种颜色之间的相互关系、颜色的变化规律，并对颜色之间的关系及其变化给予定量的描述。颜色科学在这个问题上已做出了一些成功的尝试。试验表明，在一条直线（单维空间）上用相对距离来表示颜色的相似性是办不到的，而在二维空间的圆环形内可以用相对距离表示颜色的相似性。也就是说，颜色的色相是在二维方向上变化的。我们不管是否知道颜色刺激的物理特性，都能对颜色的视觉特性加以描述，并按照颜色的视觉特性对色进行分类，还可以设计一种表示颜色的简便办法。

颜色体系是根据人的视觉特性，把物体表面色的基本特性按一定规律排列及定量描述的颜色序列的立体模型。每一种颜色在颜色体系中都有确定的位置，并可以定量地表示出来。颜色体系在颜色的科学研究领域中具有重大的理论意义和广泛的应用价值。

知识拓展

在计算机图形学中，通常使用一些通俗易懂的颜色系统——颜色模型，它们都基于三维颜色空间。在图像和图形处理软件中，通常都使用了 HSB、RGB、Lab 及 CMYK 等几种色彩模型，并且具有多种色彩模式，用来反映不同的色彩范围，其中许多模式能用对应的命令相互转换（如图2-44）。

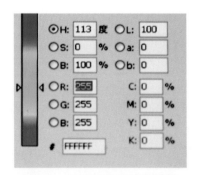

图2-44　各种色彩模式的转换

图2-45　电脑辅助色彩设计的织物面料

在具体的能产生数字色彩的图形软件中，各种色彩模式也是可以相互转换和相互连接的，我们在RGB模式里输入色彩数值，同时可以看到它换算成CMYK、HSB、Lab等色彩模式的对应数值

色彩可以根据使用者的意愿从色相、明度和饱和度等各个方面在计算机软件中进行调整改变。阴影、高光和调和色的使用可以出现在设计师需要的任何区域（如图2-45）。而且一旦

图像被保存在电脑中，就意味着它可以被无数次地使用和修改。电脑程序是如此的强大有力，在Photoshop等图形图像软件里，可供选择的色彩、效果工具是如此的丰富，我们所面对的是令人难以置信的众多的可能性，以至于我们必须首先要懂得什么时候给自己叫停，也就是必须学会恰当地取舍。这就如同拥有一件能发出世界上任何声音的奇妙乐器一样，你必须知道如何把这些声音组合成一首美妙的歌曲。

☀ 教学与实践评价

项目训练目的：

通过对色彩基本理论的学习与验证，让学生理解色彩的基本原理，为今后在设计实践中遵循相关的色彩理论奠定基础；查阅《中国颜色体系样册》并学习相关内容。

教学方式：

由教师讲解色彩的基本理论，用实验来证实理论的客观性。

教学要求：

1.让学生掌握色彩的基本理论。

2.让学生建立中国颜色体系的概念。

3.让学生通过实践理解色彩的客观表现力。

4.教师组织学生进行课堂互动，并对互动结果予以总结。

实训与练习：

1.组织学生课堂讨论：人类视觉的功能。

2.让学生上网收集色光混合的应用实例。

项目三
色彩组织及应用训练

学习目标

1.知识目标：学习色彩之间的关系与配色原理。
2.能力目标：熟练地运用"突出"与"融合"手法配色。
3.素质目标：能够利用中国元素进行现代的色谱化设计。

项目描述

　　在现实生活中，我们很少能看到独立存在的颜色，几乎所有的颜色都被别的颜色环绕包围，呈现出来的是相互作用、相互影响的色彩面貌。人们往往把几种颜色相互配合使用，很少单独使用某一颜色，也不会局部、静止地审视某一颜色，因此会涉及色与色之间的关系问题。完全一样的几种颜色在不同人的调配下呈现的面貌可能差异很大，如果用"美"来评价配色结果的话，因为审美判断没有也不可能有一个人人都能接受的标准和尺度，因而会陷入见仁见智的困境。这时可以把色彩造型的形式要素抽取出来，先确定好审美的价值趋向，对形式要素的各种关系进行分析、讨论，然后得出所需要的审美诉求，遵循"美的形式法则"进行色彩组合和色谱化设计。本项目旨在探讨色彩的组织结构问题，即在众多的关系中，色彩是如何起作用的，如何组织出具有形式美感的色调。

　　本项目重点任务有三项：任务一，色彩的对比与调和；任务二，设计配色；任务三，色谱化。

任务一 色彩的对比与调和

任务分析 色彩的关系

    色彩知觉的绝大部分问题都是围绕整体性展开的，包括知觉的形式美感。形式美感建立的基础，是整体与局部（部分）的关系：整体由局部构成，局部又由整体统一时，美感才得以确立。我国国画大师齐白石先生对于颜色非常重视，他曾说："用色重于用墨。墨色不易褪，而颜色则容易褪。因此用色宜浓厚。"他在创作中，用的主要是红、黄、蓝三原色，其他颜色大都用这些原色调配而成（如图3-1）。

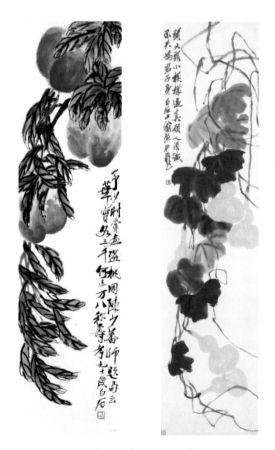

图3-1 齐白石寿桃图、葫芦图

    在现代服装设计中色彩之间的关系更为重要。例如，把服装的某一局部装饰作为独立个体，它也需要由形、色、图案、材质等元素构成，假如这些组成元素之间没有互不相干、南辕北辙的分裂现象发生，那么这一局部装饰就会形成一个统一整体。但当这个局部装饰被放

在服装整体时，它就由一个整体变成了局部，与头饰、上下衣或连体衣、鞋帽等同处于局部元素的地位，从整体服装的角度看，这些元素又与穿衣人的气质、体态等一起构成具有统一美感的整体（如图3-2）。

图3-2　服装自身的形、色、图案、材质与穿衣人、环境等一起构成具有整体美感的因素
（郭培服装设计作品）

相关知识与任务实施

（一）色彩的对比

色彩知觉的特征之一就是整体性（另一特征是理解性，即寻求意义），色彩是在整体关系中经比较被知觉到的。经过相互比较而存在的差异性，称为对比。凡是两种或两种以上的色彩由于互为并置（接触）而显示出差异性、对立性的一面，就称为色彩的对比。色彩对比是从区分色彩差异性入手，从相对对立的一面来讨论色彩关系问题的一个概念。

上个项目里已经阐述过这样的基本原理：色彩是各种对比和人的知识经验等共同作用的结果。这就意味着没有对比就没有色彩现象。同样，在色彩的组织关系中，没有色彩的对比就只会形成单一节奏、单一刺激，视觉上平淡无奇，当然谈不上美感。如果破坏这种固定节奏，使其不断发生突变，即能给意识造成一种惊觉和紧张情绪的感知，就能激发兴奋，产生新鲜感，美感来源于单调和混乱的均衡。就像一条美的韵律线永远不会有等高、等距的重复升降一样，色彩只有以对比作为基础才可能产生调和的美感。任何一个色彩场面（自然的或人为的）中变化的因素都可以从色彩对比的角度来讨论，而要达到一个调和的色彩组织效果必定要在统一秩序的规定下追求色彩的变化。多样化的色彩对比等于色彩的多样性，色彩的调和因素等于色彩的统一性，当色彩组织一方面利用对比因素造成色彩的秩序与变化，另一方面又用调和因素统辖这些变化，使其得到有秩序的统一时，就实现了对色彩形式美感的创造。

在一个色彩组织中，如果要比较色与色的不同之处，无非从色相、明度、饱和度、冷暖、面积、肌理等几个方面入手。

建立在明度差别基础上的对比称为明度对比，建立在颜色相貌差别基础上的对比称为色相对比，依此类推还有饱和度对比、冷暖对比、面积对比等不同类型。在这里提醒大家澄清以下事实：这里讲的色彩对比类型是用以划分、描述色彩的人为概念，是理性的结果，上一项目所讲的色彩对比效应是一种视觉生理、心理存在的客观现象；色彩对比类型的划分对于观察、分析色彩效果特征和在组织色彩时如何达到某一效果特征具有指导意义，色彩对比效应则和色彩对比怎么分类无关，它始终作用于我们的眼睛，两者不是一个意义。

色彩对比在一个具体的色彩组织中还存在着对比程度强弱的问题，比如在一个画面里假如其对比关系都确定了，唯有一个被红色包围的颜色没有确定，是用橙色和红色对比，还是用绿色和这块红色对比呢？虽然这两对对比都是色相对比，但给视觉造成的对比强度却大不相同。同样，其他对比类型也都存在对比度的问题。因此，我们以蒙塞尔颜色系统（色立体）作为参照，引入两个概念：色距与对比度。色距是在色彩组织中一个颜色与另外一个颜色（或各颜色）之间的色差距离，它是由颜色在色立体空间中的位置和距离决定的，色距在具体的色立体空间内是可以被定量描述的（如图3-3）。色距的不同必然引起对比效果的差异，对比度就是对这一对比效果的差异进行感性描述的概念。在色立体空间内，相互位置越远即色距越大，对比度越大，对比效果越强。

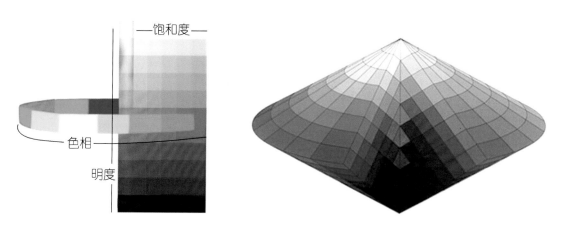

图3-3 色彩三属性各自对比类型的划分取决于对比方在色立体空间中的位置关系即色距

1.色彩三特性的对比

色相对比、明度对比和饱和度对比是建立在色彩三属性差别基础上的对比。这三种对比类型所引起的视感觉各有特色。色相是颜色的第一表征，有人将其比喻为人体的表皮，具有原始的诱惑力。色相对比度的强弱可以用对比双方与色相环上的圆心形成的夹角度数（即色距）来表示：色距在色环中15°以内的对比最弱，称为同类色相对比；色距在15°～45°的对比稍强，称为邻近（类似）色相对比；色距在120°左右的对比较强，一般称为对比色相对比；色距在180°左右的对比，称为互补色对比（如图3-4、图3-5）。

明度因素，对色彩的组织结构起着如骨骼般的构筑性作用（如图3-6、图3-7）。明度对比的强弱可以用明度轴上的色距位置表示：色距在4个级差以内的对比，称为明度短（弱）对比；色距在4～6个级差范围内的对比，称为中对比；色距在7～9个级差范围内的对比，称为长（强）对比；黑白二色的对比最强，称为极色对比。明度差越大，画面越有力度，效果越强；反之，则越平稳。

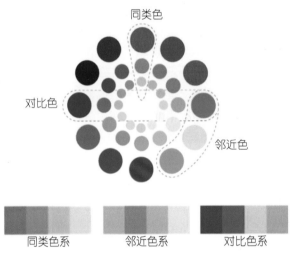

图3-4　色相对比类型的划分取决于
对比方在色相环上的位置关系

图3-5　土族镶边绣花女装，全色相对比，
华丽自然，达到了充分释放活力的效果

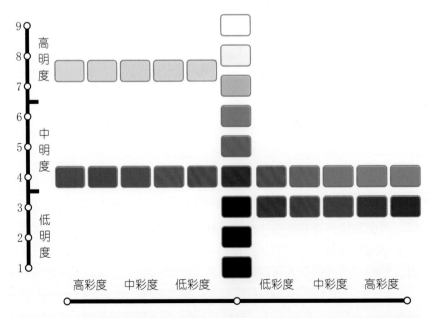

图3-6　把色立体明度轴和等明度饱和度色域分别划分为高、中、低三个区间段

图3-7　将色相和彩度排除在外，强调明度对比

（中国当代艺术家王怀庆作品）

　　彩度对比没有色相对比的原始性，也没有明度对比的刚强内敛，像人体的肌肉一般，蕴藉而敏感。彩度对比的强弱也可以通过发生对比的颜色在色立体空间中的相对位置确认：彩度最强对比发生在色立体中心无彩色和居于色立体最表层的高纯度颜色之间；彩度最弱对比发生在色相面上相邻位置最近的色彩之间；其他的对比度介于这强弱两极之间。彩度对比最能体现对比的相对性，因为没有了色相、明度因素的制约，同样等差级的彩度对比既能发生在两个纯色之间，也能发生在两个极低纯度颜色间，所以最严格意义上的彩度对比总是在同等明度条件下讨论的（如图3-8、图3-9）。

图3-8　苗族刺绣作品包含了彩度对比、
　　　　明度对比与色相对比

图3-9　彩度强对比的服装配色，刺激强烈，
　　　　充满活力

2.色彩的冷暖对比

色彩现象的复杂性远远超出我们现有的理论,色彩的冷与暖就是一个极好的例证。把色彩分成冷色和暖色的做法很普遍:把色相环上的红、黄、橙称为暖色,把蓝绿、蓝、蓝紫称为冷色。把具有鲜明心理特征的纯颜色分为冷色和暖色是基于人类共同的生理、心理基础。有一个现象值得注意:当事物某些方面比较暧昧、不易区分性质时,人们总会将其与心中早已确认的(或已知的)坐标相比较,根据事物对坐标的倾向性来把握性质的差别。比如我们日常生活中就普遍把白天与黑夜、阳光与阴影、黑与白等当成比较某些事物性质差别的坐标,人们很清楚地知道事物与坐标是两码事,不会混为一谈。基于这一道理,我们把色彩的冷暖定义为:高彩度的红、橙与蓝绿、蓝是人们权衡、把握色彩的心理坐标,当两种或两种以上色彩并置时,视知觉会发生稍微偏离色彩自身的倾向性,并置色彩的相对冷感或暖感不是取决于色彩本身,而是取决于偏离的坐标指向。当A、B两色相邻时,假如看起来A色偏离的倾向性指向红、黄、橙一端(知觉心理坐标的热极),B色就必然指向蓝绿、蓝、蓝紫一端(心理坐标的冷极),其间不存在暧昧情况。于是观察的结论是,A色偏暖而B色偏冷(而不是A色是暖色系的颜色,B色是冷色系的颜色)。由此可见,色彩冷暖是与色彩的心理坐标比照、权衡的结果,是指偏离自身的倾向性,而不是色彩自身。这也因此决定了色彩的冷暖对比具有比三属性对比更宽的泛指性,冷暖感(冷暖对比)可以发生在任何色彩对比条件下,即便是无彩色的黑、白、灰并置,如果我们想要去权衡的话,也有冷暖倾向性——白色偏冷,黑色偏暖,灰色与灰色对比取决于各自黑与白的比例。色相感非常明确的颜色之间当然也有冷暖,只是在这种条件下由于冷暖一目了然,人们反而更关注三属性的因素了。

具有意义的是,色彩的冷暖感"跳出三界外(不是三属性),不在五行中(不是现实的物理量而是心理取向)",冷暖不属于色彩三属性,反而成为我们处处观照色彩三属性变化的一个非常有效的手段,比如对条件色的观察,如果用冷暖的眼光看就很容易把握。色彩的冷暖因此也成为我们权衡、调配色彩组织结构中三属性变化的纲领性武器。一些三属性很接近的颜色,用冷暖的眼光很容易区分出色相偏离的倾向性,进而把握其间色相的细微差异,感受色彩的微妙变化(如图3-10)。

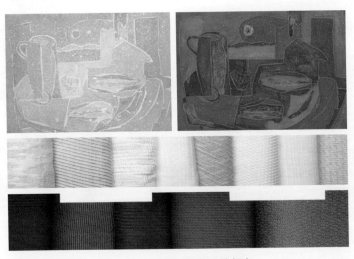

图3-10 三属性很接近的颜色

（二）色彩的调和

色彩的调和是和谐、和睦、融洽、协调、悦目之意，是形式美感的主要内容，包含对色彩效果感受性的评价和为追求调和在组织色彩关系时的技术操作手段（技巧）这两层意思。

一旦使用色彩对比手法进行色彩组织，伴随而来的是对色彩诸对比元素怎样使用和为什么这样使用的问题，或者说是色彩对比的目的、依据和达到的效果问题。这实质上是整体与局部的关系问题，交由色彩的调和来解决。从构成角度讲，色彩的组织就是色彩各对比元素的组合过程，无非有三种情况：相同或相似元素反复使用，因过于相同，结果单调死板；另一种极端是，用性质完全不同（对立）的元素做杂乱无章的组合，因庞杂而失去主次，结果造成不快感；第三种情况兼有两者的特征，做到了单调和混乱的均衡（秩序），就近于调和了，可以说秩序是调和的必要条件。从这个意义上讲，色彩调和是对一些对比（有差别）的色彩进行调整的过程，目的是建立和谐而统一的整体。

色彩调和从整体出发肩负着平衡、调控和评价的任务：①使色彩对比不尖锐刺激；②使色彩组织总效果满足人的视知觉对秩序感的预期（对比与统一恰如其分）；③全面衡量、评判色彩对比所有元素的使用是否符合整体表现要求；④与设计目标是否吻合（应用性色彩设计）。

课堂互动

（一）从中国传统绘画的色彩运用和民俗服饰文化中举例分析色彩的关系特征。

（二）如何分析色彩三属性的对比关系？

任务小结

色彩之间的相互关系还与观察视角有关。当色彩的面积小或距观察者远时，观察视角就会很小以至于无法明辨色彩之间微观层面上的对比，色彩组合的整体心理印象中各色彩的色相、明度和彩度趋于同化。

色彩对比与色彩调和概念的建立，是认识色彩现象和把握色彩组织效果的有效方法与途径。色彩的对比与调和正如一个硬币的两个面，相辅相成造就了色彩整体的面貌。

色彩的对比关系是各种色彩间存在的矛盾关系，各种色彩在构图中的面积、形状、位置以及色相、明度、纯度和心理刺激的差别构成了色彩之间的对比。差别越大，对比越明显；对比缩小，差别就减弱。

色彩的"调"就是色彩的调整、调理、调停、调配、安顿、安排、搭配、组合等，"和"就是和一、和顺、和谐、和平、融洽、相安、适宜、有秩序、有规矩、有条理、恰当，没有尖锐的冲突，相辅相成，相互依存，相得益彰。

知识拓展

对整体与局部关系的进一步思考可以让我们推导出两个结论：整体是相对的，但是一旦某事物被作为整体来看待，它就具有了独立性（就像领带可以单独作为一个整体被设计一样），这种独立性表现为所有组成元素（局部）必须隶属于它，受到作为整体自身的统一因素制约，否则局部不成立，或谓之不适当；整体是由依存于整体的局部构成，局部与局部相比较也有各自的独立性（即有不同处），否则也不可能成为局部元素。这样，在确认各自是作为一个整体或者作为一个局部的条件下，整体与局部之间和局部与局部之间就产生了一系列不同层面（不同角度）的关系。形式美的原则就是对这些关系的规律性总结，形式美感的创造（比如色调的组织）则可以利用这些原则去有效地工作。色彩的对比是强调局部与局部之间差异性关系的概念（在色彩组织中则成为手段、手法），色彩的调和是从整体统一性出发来平衡、调控各局部关系的概念（在色彩组织中也成为一种手段、手法）。我们当然不是为概念而概念，而是作为色彩的组织者要追求一种有序、和谐、统一等具有形式美感的视觉效果，这与运用色彩对比与调和的能力密切相关。

任务二　设计配色

任务分析　配色

在设计界，色彩的组织习惯上被称为配色，指的是用两种或两种以上的颜色搭配出新的色彩视觉效果。配色时要测定色彩在颜色空间中的位置，其工具就是色彩的三属性。理解并掌握了色相圆环和色调三角形的组合（如图3-11），就能够自由地利用配色原理进行配色。

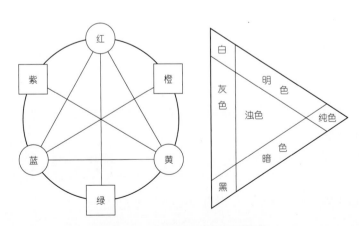

图3-11　色相圆环和色调三角形

色相圆环中的色相呈现固定的相对位置，三原色红、黄、蓝呈三角形排列，其间排列着橙、绿、紫三间色。
可将三角形等色相面依视觉感受的倾向性划分为黑、白、灰、明色、暗色、纯色、浊色七类色调

相关知识与任务实施

（一）配色的手段

色调是明度与彩度的综合（如图3-12），可以理解为色彩的状态。色调决定配色的感觉与氛围，是影响配色视觉效果的决定性因素，因此必须充分重视。

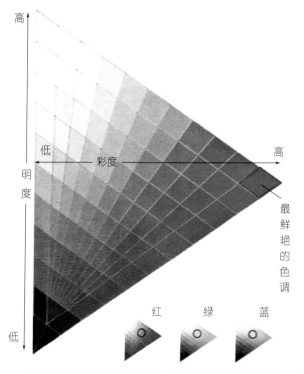

图3-12 明度与彩度的综合——色调

明度＋彩度＝色调，即色调是明度与彩度的综合。纵向剖开颜色立体图，就可以看到一个个小四角形，即色调

色调是在明度和彩度相互关联的基础上形成的，即使色相变换，在色立体图的平面三角形中处于同一坐标的颜色具有相同的色调，也会给人相同的感觉，处于相同的状态（如图3-13）。色调决定画面。即使是相同材料和相同风格的形状，当色调发生变化时，画面也会完全不同。如果色调选择错误，无论在色相和明度上下多大功夫都无法修正画面（如图3-14～图3-16）。

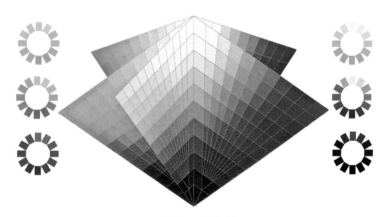

图3-13 等色调

即使色相不同，处于同一位置就具有相同的色调，此图中每一个十二色相圆环上的颜色都是等色调

①淡而柔和的色调　　②明亮轻快的色调　　③朝气蓬勃的鲜艳色调

④雅致的浅色调　　⑤灰暗沉稳的色调　　⑥厚重坚实的色调

图3-14　色调在色立体剖面的位置对配色感觉起很大作用

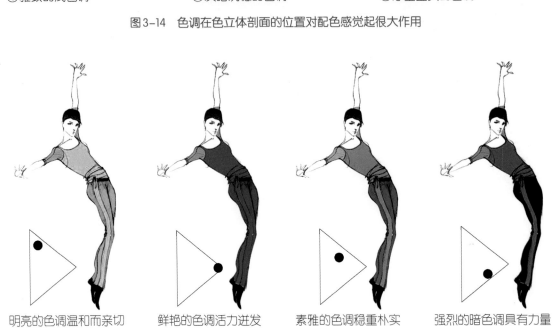

明亮的色调温和而亲切　　鲜艳的色调活力迸发　　素雅的色调稳重朴实　　强烈的暗色调具有力量

图3-15　选择的色调决定了配色画面的气氛

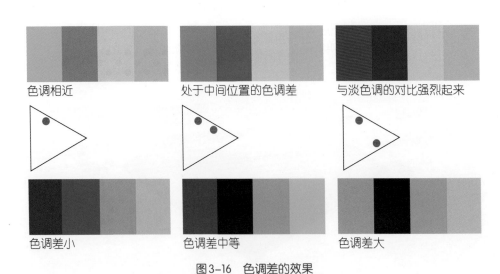

色调相近　　处于中间位置的色调差　　与淡色调的对比强烈起来

色调差小　　色调差中等　　色调差大

图3-16　色调差的效果

色调差别小则平稳和谐，差别大则产生变化

配色像色彩设计者用视觉语言组织出来的"小说、电影"，其中有主角、配角等各种角色。某种颜色的角色被摆正时，整体效果才会呈现出稳定的感觉。最基本的角色有五种，掌握它们有助于搭配出理想的色彩。①主角色：是配色的中心色。选择其他颜色时要以主角色为基准。②配角色（突出色）：设置在主角近旁，目的为衬托主角，支持主角，使主角突出。③支配色（背景色）：作为背景环抱整体的颜色，它控制整个构图，即使是小面积也能支配整体。④融合色：主角色相对于其他色显得孤立时，把与主角色相同或相近的颜色放置于能和主角色相呼应的位置，起到融合整体的作用。⑤强调色：在小范围内用上强烈的颜色，在画面中占有的色量与面积最小，使画面整体更加鲜明生动，起"画龙点睛"的作用。

图3-17　在服装配色中，人体自身的颜色成为主角色

在服装配色中，主角色为人体自身的颜色，因此不存在主角色。与主角色相对的配角色，起突出主角的作用（如图3-17）。

在服装配色中，支配色往往是衣服本身的颜色，选择好服装面料的色调，会出人意料地决定整体效果。支配色即使面积不大，只要包围主体，就能成为成功的支配色，也就是说，即使小面积也能左右整体感觉。支配色与色彩强弱无关，灰暗颜色或强烈颜色都能决定主角的整体感觉（如图3-18、图3-19）。

图3-18　服装本身的颜色对色彩感觉具有决定性的支配作用（盖娅传说·熊英设计作品）

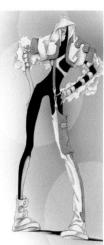

图3-19　在服装配色中，支配色和强调色是关键

在服装配色中，围巾、领子、项链、眼镜等往往会成为强调点。一般来说，强调色的面积越小、色彩越强，强调效果越好。反之，同色系、面积过大都不能起到强调提升作用（如图3-20）。

（a）围巾与支配色的反差大，强调提升作用强　　　　（b）围巾与服装的反差小，强调提升作用弱

图3-20　服装配色中的强调色

色彩间过于激烈的对立，或是其中一种颜色过于突出时，为使画面平稳，加入融合色，起缓冲调和作用。当中心色由于缺少呼应而显得孤立时，在近旁点缀以同一色相的颜色，与中心色呼应，起到融合整体、凝聚画面的作用（如图3-21、图3-22）。

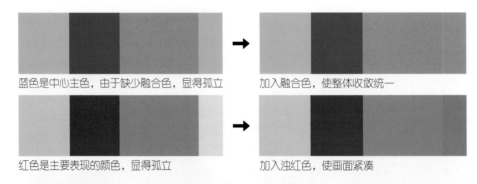

蓝色是中心主色，由于缺少融合色，显得孤立　　　　加入融合色，使整体收敛统一

红色是主要表现的颜色，显得孤立　　　　加入浊红色，使画面紧凑

图3-21　画面中加入融合色，或调和过于突出的颜色，或呼应中心色，起到融合整体、凝聚画面的作用

（二）配色的技巧

单纯从色彩的形式美感角度出发进行配色时，要从色彩的对比与调和两方面考虑，既要保证色彩效果的"突出"提升方面，又要兼顾"融合"平稳方面。当画面整体过于沉重、模糊时，要在突出方面下功夫。明确主题，同时放弃几个要点，大力强调最主要的部分，删减模糊暧昧的地方。如果过于喧闹，要采用颜色三属性来缓和喧闹、醒目的颜色。突出时要增强三属性的对比，融合时则要减弱对比色的对立。

图3-22　围巾的颜色与上衣色相融合

分布在口袋、袖子、肩部等处的镶边色又与裤装的颜色相呼应，既加强了整体感，又是装饰性的强调

1.强调突出（对比）型的常见手法

（1）烘托中心　明确色彩表现的主角，通过强化色彩三属性的对比突出画面中心，使配色给人深刻印象（如图3-23）。

（a）色彩的明暗反差强烈　　　　（b）2020中国国际大学生时装周李朔馨设计作品

图3-23　加大明暗反差，强调主角

（2）制造亮点　给过于沉稳均一的配色设置小面积的对比色彩，成为兼具品位与活力的亮点。面积要小、背景颜色要均一，亮点的作用才能明显。或者是大面积使用同一元素，产生强烈的视觉冲击力（如图3-24）。

（a）古代女子服饰　　　　　　　　（b）苗族女子头饰和项饰（祥雷绘画作品）

图3-24　发饰和颈饰成为服装配色中的亮点

（3）加入高彩度颜色　当画面色彩感觉庄重有余，而活力不足时，利用彩度越高的颜色越能给人以朝气、活力的原理，加入高彩度颜色来调节气氛（如图3-25、图3-26）。

（4）增大有彩色的量　黑白主体或无彩色、灰浊色的画面如果使人感到有所欠缺，或过于单调，可加入些许颜色，增大有彩色的量，画面将会变得活跃、明快（如图3-27、图3-28）。

（a）虽然配色很协调，但是服装没有精神　　　（b）中间的领带加上高彩度的洋红色后，既保持了庄重，
　　　　　　　　　　　　　　　　　　　　　　　又有活力感，与脸部的妆容相呼应

图3-25　加入高彩度颜色（一）

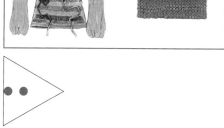

（a）沉稳素雅的浊灰色，与年轻人穿用的款式不相符　　　　　（b）提高了红、绿、蓝色的彩度后，既保持了
沉稳素雅，又有华美活泼感

图3-26　加入高彩度颜色（二）

图3-27　将浊灰色变换成红色和黄色，一改沉静素雅的色彩面貌

图3-28　用蓝色替代深灰色，使画面成为由红、黄、蓝组成的三原色配色，稳定而又有欢快感

（5）扩大面积差　即便使用相同颜色的搭配，当面积的比例改变时，色彩印象也会随之改变。利用这一原理，通过扩大面积差（大小差），制造轻快、动感的色彩效果（如图3-29、图3-30）。

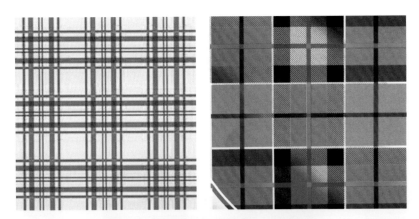

图3-29　改变线条的粗细也会令画面改变

图3-30　除了作为底色的黑色以外，拉祜族服饰图案色彩以红色为主调，黄、绿、蓝、白等为辅助色彩

（6）设置明度差　明度差越大画面越有力度，效果越强；反之，则柔和平稳。如果感到配色效果过于平稳没有精神，缺乏力度感，可尝试把明度差加大（如图3-31）。

（a）D.MARTINA QUEEN·丁洁　　　　　　　　（b）邓兆萍私人定制

图3-31　缩小明度差，有成熟高雅感；扩大明度差，活泼动感

（7）打破色序，随机配色　色相环、明度阶梯体现了色彩的秩序，按照色相、明度次序配色，给人以安静平稳、内向之感。配色如果有失紧凑，略显无趣，则可打破色序，突出各色的独立性，追求新的活泼的节奏感（如图3-32）。

（a）上海之禾服饰空间展示　　　　　　　　（b）鄂尔多斯服饰空间展示

图3-32　按照色相、明度次序配色，给人以很强的序列感

（8）黑色起突出作用　无彩色中的黑色在配色中是个狠角色，黑色会突出原有的颜色，使画面有力度，与其他颜色组合时，是最强力的配角色。黑色无论与任何色彩搭配，都起强调提升作用，黑色令强色更强烈，令浅色更加突出，产生生动醒目的效果（如图3-33）。

2.强调融合（调和）型的常见手法

（1）靠近色相（使用同色系）　色相差越大越活泼，反之，越小越稳定。色彩给人的感觉过于突出喧闹时，可以靠近色相，协调各颜色，使画面稳定（如图3-34）。

图3-33　黑色在服装色彩中起增强他色的作用（北京工业大学艺术设计学院设计作品）

图3-34　同色系色彩调和（香港珈仪JIA YI服饰品牌）

　　（2）统一明度　无论多么松散的配色，统一明度后都会呈现出整齐稳定的效果。但明度差过低，画面容易过度平稳，使人感觉有所欠缺。为避免单调，应尽量扩大色相差，以求维持色彩之间的跳跃感。中国历代服饰都十分注重服饰明度的统一性，尤其是团体性的服装中特别明显，如唐朝时期的女装（如图3-35）。

　　（3）靠近色调　色调也称调子，表示色彩的感觉、品味。因此可以把同一色调的色群归为具有同一类色彩感觉的色彩。组合同一色调的颜色，相当于统一了画面气氛。如果画面松散，缺乏统一感，则需统一色调。当统一至相同或相近色调后，原本混乱的配色将变得和缓稳定（如图3-36～图3-38）。

（a）盛唐壁画敦煌莫高窟130窟：
都督夫人太原王氏礼佛复原图

（b）唐朝张萱《捣练图》局部

图3-35 唐朝时期的女装

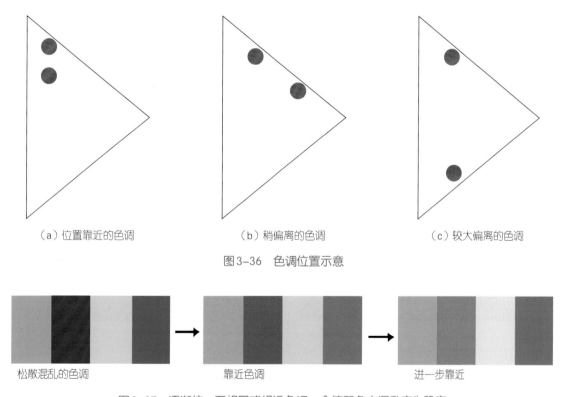

（a）位置靠近的色调　　　　　　　（b）稍偏离的色调　　　　　　　（c）较大偏离的色调

图3-36 色调位置示意

松散混乱的色调　　　　　　靠近色调　　　　　　进一步靠近

图3-37 逐渐统一至相同或相近色调，会使配色由混乱变为稳定

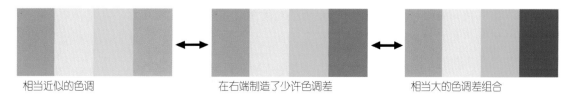

相当近似的色调　　　　在右端制造了少许色调差　　　　相当大的色调差组合

图3-38 突出与融合之间的相互转换

（4）群化法　所谓群化，是指赋予色相、色调、明度等以共通性，从而制造出整齐划一的色彩组织。画面松散、混乱时，将三属性的一部分共通化后，产生群化效果，会得到具有统一感的画面（如图3-39、图3-40）。

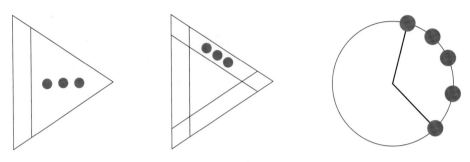

图3-39　群化的方法为：靠近明度，靠近色调，缩小色相差

（a）虽是鲜艳欢快的配色，但过于混乱喧闹　　　　　（b）分为冷色和暖色两组，则兼得规整与活力

图3-40　越是形状复杂、色彩缤纷的画面，越要注意寻找色彩间的共通处

（5）双色调与对比双色调　所谓双色调，指从相同或相近色相中抽出两种色调的组合。最有代表性的双色调是同一色相的明色与淡色的组合。制造色相差，或是与灰色组合，都能创造出丰富的色彩表情。画面中同时使用两组双色调，可构成对比双色调，此时将双色调具有的舒适感与色相对比具有的紧张感调和至平衡，会呈现出平稳与紧凑兼备的色彩感觉（如图3-41）。

（6）微差法　有时为了传达出娴静雅致的感觉，会使用几乎令人察觉不到差别的色彩配色。要运用好微差配色法，周边颜色尤为关键，不宜搭配反差强烈的颜色（如图3-42）。

图3-41　双色调配色示例图

图3-42　几乎相同的色彩中凸凹有致的浅浮雕式的变化，造成细微差别，起强调作用，给人以成熟感

课堂互动

（一）明度＋彩度＝色调，如何发挥色调在配色过程中的作用？

（二）配色的技巧有哪些？如何使用这些技巧？

任务小结

色彩搭配看似复杂，但并不神秘。既然每种色彩在印象空间中都有自己的位置，那么色

彩搭配得到的印象可以用加减法来估算。如果每种色彩都是高亮度的，那么它们叠加后自然会是柔和、明亮的；如果每种色彩都是浓烈的，那么它们叠加后就会是浓烈的。当然在实际设计过程中，设计师还要考虑乘除法，比如同样亮度和对比度的色彩，在色环上的角度不同，搭配起来就会得到千变万化的感觉。

　　策划正确的配色方案时必须要有一个判断标准。设计师策划一个网站需要经过反复多次的思考，而在决定网页配色方案时同样需要经过再三的思量。为了得到更好的策划意见，组织者既应该与合作人员反复进行集体讨论，还应该对一些风格类似的成功站点进行技术分析。一个大型站点是由几层甚至数十层的链接和上百上千种不同风格的网页所构成的，所以在需要的时候应该绘制一个合理的层级图（如图3-43）。

图3-43　合理的层级图

知识拓展

　　色调组织在基础训练阶段贵在求变，以色相、明度、饱和度、调式、调性等变化为条件，以理性分析和感性表现为根据，通过理性配置、感性创造、借鉴挪用等方法去创造和谐优美的色调。无论是何种色调组织，都一定要符合设计的需要和产品的特色；产品的定位和风格也是色调组织的前提（如图3-44）。

（a）色调组织示例之一　　　　　　　　　　　　（b）色调组织示例之二

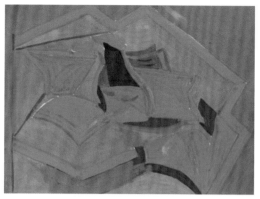

（c）色调组织示例之三

（d）色调组织示例之四

（e）色调组织示例之五

（f）色调组织示例之六

（g）色调组织示例之七

（h）色调组织示例之八

图3-44

（i）色调组织示例之九

（j）色调组织示例之十

（k）色调组织示例之十一

（l）色调组织示例之十二

图3-44　色调组织的变化

任务三　色谱化

任务分析　**色谱化的概念**

　　来自自然的色彩或人为色彩不能直接用于配色，因为客观世界千千万万不同的物体，因自身结构的多样性、物理性的光作用、化学性的质变、生理性的生命基因演变等，构成了千变万化的颜色。物体色因存在于由多种媒介物构成的空间介质中，受多种色光相互作用，从而形成复杂的环境色彩；同时，不同距离的介质密度造成物体色因视距变化产生既丰富多彩又变幻无常的色彩，这种情形下人的视觉难以捕捉到那瞬息万变的"彩"的色度绝对值，人对色彩的记忆力有限，配色及其应用要求我们使用具有明确色度值的颜色，因此只有把混沌且极不稳定的"彩"转化成稳定的"色"才能为设计所用。色谱化就是实现由"彩"变"色"这一转化的有效方法。

色，即平面化的、具有明确色度值的颜色；谱，某类事物按照一定规律编排起来即为谱。色谱就是按照一定色度数序编排起来的颜色组。把复杂的自然色彩或人为色彩经过获取、分析、归纳、概括，提炼出能与其总的色彩气氛和印象相对应的单纯的颜色，把这些颜色按色度整理成一定序列的过程就叫作色谱化。可见色谱化是一种对色彩获取、归纳、概括和提炼的工作过程，是研究色彩现象的一种手段。色谱化的方法可以认识和分析存在于自然和人为色彩范畴内的色彩组织关系。由于从复杂且不稳定的色彩组织中提炼出了具有准确色度值的且有内在关联的颜色群，那么就可以将这些颜色纳入色立体颜色空间内进行理性剖析；另一方面，这一色谱也成为配色应用的载体（如图3-45、图3-46）。

图3-45　色谱化是对复杂色彩现象进行理性剖析和配色应用的方法

图3-46　来自人为色彩的色谱应用于实际配色

相关知识与任务实施　色谱化的方法

怎样对自然色彩或人为色彩进行获取、归纳、概括和提炼呢？我们面临的复杂色彩现象无非是两种空间样态，一种是二维平面的，另一种是三维立体的。传统艺用色彩的色谱化主要采取目测方法：二维的方法是目测分析对象固有的色数、色度及其配合关系，再把它们归纳为最主要的几个色，同时测出各个颜色的比例和位置；三维的方法借助写生（仍属目测）或摄影技术，把自然景物拍成彩色照片，然后把透明的细密方格坐标纸覆盖在彩色照片上（或写生作品上），根据各种颜色所占据方格的目数分别算出分量，同时标出各色位置之间的组合关系，绘制成归纳色比例和组合关系的色谱。色谱化工作的质量取决于人的认识、经验、熟练程度等因素，因此过程复杂且不确定因素多。现在借助数字化测色、获取和分析设备发展了一种依靠机械而不是主观判断的精确的测色与归纳方法：二维平面的色彩借助数字化的分光光度计（用于计量具有反射特性的样品或是光源所产生的光线强度的测量仪）来对色彩的三个变量（明度、彩度、色相）进行测量；三维立体借助于数码摄影和数码摄像设备记录获取，把获得的数字化色彩信息输入电子计算机，经过计算机分析综合，可以在很短的时间内把色彩按设计者的要求归纳为若干个色谱，同时非常精确地显示出各色所占据比例的组合位置（如图3-47）。

图3-47　实用16色环色谱搭配设计PSD分层素材

课堂互动

（一）为什么说色谱化是一种对色彩获取、归纳、概括和提炼的工作过程？

（二）色谱化的方法有哪些？

任务小结

服装色彩设计的生命力在于"新"，即新鲜感，色彩设计者肯定要早于使用者进行色彩的审美观照，也就是说设计者首先要发现具有新鲜感的色彩样态。具有新鲜感的色彩搭配来自哪里？主要是来自自然和社会。自然景物呈现的色彩叫自然色彩，人类社会的、历史的活动在色彩方面的呈现叫人文色彩。自然界包含了所有的调式，拥有极其广阔、无限复杂的色彩表象。自然与人文色彩蕴藏着最佳配色关系，是寻找色彩新感觉的宝库，是色彩设计方案产生的最重要的基础。既然色谱化是一种对色彩获取、归纳、概括和提炼的工作过程，那么在这个过程中，掌握色谱化的方法对于自然色彩和人文色彩的提炼变得尤为重要。

知识拓展

　　色谱揭示着自然或人文色彩的内在结构，传递着形成色彩关系的基本规律和调和规律，为人们提供色彩设计的语素，激发着色彩设计构思的灵感，是设计师进行色彩设计的有力工具。由于色谱化具有简洁地表现视觉来源中无数色彩关系的能力，是处理复杂的色彩来源的实用方法，因而成为我们认识色彩和创造色彩的有效手段，许多影视剧里的画面也成为色谱化的素材（如图3-48）。

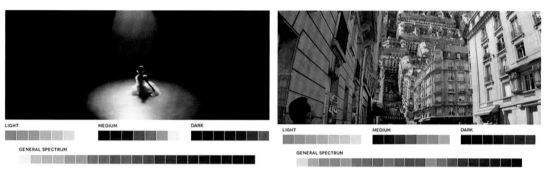

图3-48　影视画面里的色谱化素材

教学与实践评价

　　项目训练目的：

　　通过对色彩组织理论的学习与验证，让学生理解色彩组织的基本任务与实施环节，为今后从事平面设计职业打下基础。

　　教学方式：

　　由教师讲解色彩组织的基本理论，用实验来证实理论的客观性。

　　教学要求：

　　1.让学生掌握色彩的对比与调和。

　　2.让学生认知设计配色的基本原理。

　　3.让学生通过实践掌握色谱化的方法。

　　4.教师组织学生进行课堂互动，并对互动结果予以点评、总结。

　　实训与练习：

　　1.收集部分优秀色彩作品在课堂上进行评价交流（每人不少于五件作品）。

　　2.掌握色彩的对比与调和，并做相应的服饰色彩训练。

　　3.通过配色实践掌握"突出"与"融合"的服饰配色手法。

　　4.掌握设计配色的任务实施方法，并做相应的服饰色彩训练。

　　5.掌握色谱化的任务实施方法，并做相应的服饰色谱化训练。

项目四
色彩的情感与服装色彩意象及应用

学习目标

1. 知识目标：理解自觉地认识色彩和创造色彩，就是艺术地、情感地把握现实。
2. 能力目标：了解色彩的各类情感效应，能够初步用色彩表达情感。
3. 素质目标：运用中式服装服饰语言的内涵，掌握色彩意象创新的基本方法。

项目描述

　　人们常常感受到色彩对自己心理的影响，色彩赋予我们诸多情感与精神内容。色彩的情感作用不是由知识附加给它的某一解释所引起的，色彩自身能够有力地表达情感，自觉地认识色彩就是艺术地、情感地把握现实。

　　作为设计者表达各种理念、情感的载体，色彩是极富表现力的设计元素。从"形象"的角度来探索色彩，更接近人的实际感觉。把服装作为一种"语言"来看待，就可以通过解读服装语言加深对服装本质问题的理解，培养对服装敏锐的观察力，进而逐步确立对服装的独立见解。

　　严格意义上的服装色彩设计是服装整体设计的一个重要组成部分，并不存在孤立的服装色彩设计。如果把服装设计作为服装语言新的表述的话，那么，在这个过程中对色彩方面的考虑集中体现在色彩形象的创新上。

　　本项目重点任务有三项：任务一，色彩的情感；任务二，服装语言解读；任务三，服装色彩意象。

任务一　色彩的情感

任务分析　情感与艺术表现

众所周知，我们观看世界时都免不了有一个特殊视点或角度，人类对世界的一切知觉，都不可避免地有主观的或情感的成分。我们把情感定义为：人类从一种特殊的角度观看世界的方式。中国特色社会主义进入新时代，我国社会主要矛盾已经转化为人民日益增长的美好生活需要和不平衡不充分的发展之间的矛盾。人们在物质需求得到满足的前提下，对精神、文化、艺术、情感需求以及平衡发展的需求会更加宽泛。

艺术领域中所讲的"情感"不只是类似喜悦、悲哀和愤怒之类的东西，它包括态度、气质、观点看法等。"情感"较为完整的含义应包括两个部分：一是所经历的内心感受；二是认识到这是一种什么样的情感，也就是说，能够认出它就是众人所说的那种情感。第一是个人的、私下的和主观的，第二则涉及公共的标准，两部分缺一不可。

值得注意的是，情感生活的公共（约定俗成）性质带来的重要结果。只要描述情感的语言是基于一种公共标准，这些语言的意义就多半会存在于这种公共标准中，意义便成为公共的。

情感的意义一旦成为公共的，任何一种能展示出这种公共特征的东西，不管是有生命的还是无生命的，都能自动地和必然地被理解为某种情感——从一张涂上颜色的纸片，到新娘子的盛装，再到黄昏时扫过树梢的忧郁的风。《心理学大辞典》认为："情感是人对客观事物是否满足自己的需要而产生的态度体验。"同时普通心理学课程还认为："情绪和情感都是人对客观事物所持的态度体验，只是情绪更倾向于个体基本需求欲望上的态度体验，而情感则更倾向于社会需求欲望上的态度体验。"在现实生活中，这种结论强调的是大家普遍公认的幸福、喜爱、和谐、愉悦、美感等个体化感受，而忽视了社会性的感受和影响力；其中很重要的一点是个体情绪上的喜怒哀乐等心理现象与社会性情感感受上的爱情、友谊、家国情怀、爱国主义情感的交叉现象需要被重视和加强。

当我们对情感性质做深入的理性分析和反思时，就会把它们归为我们内心的某种心理状态，而不是外部环境的一部分。但是这种反思绝不会改变我们的日常习惯，也就是说，我们平时仍会不由自主地把它们视为外部世界的一部分。由于我们生命的大部分都是在这种日常状态中度过的，这种直接影响我们的周围环境——我们的穿衣、房间布置和城市规划的审美反映，实际上就成了影响社会中各个成员心理健康的重要因素。不管是穿戴装扮，还是家具的布置、建筑、树木和草坪，都具有其特定的情感意味，因而能影响生活在这个环境中的人们的心理状态。

如果说，我们之所以能对周围事物做出种种情感反应，是因为我们能以公共通用的情感意义来解释这些事物，那么这样一些解释方式究竟起源于何处？我们说，它们有多种来

源，有的来自宗教，有的来自心理学，但最多的还是来自艺术。由于艺术总是帮助人类解释自己的情感，因而是人类情感理解的最主要源泉。一般人们大多数时间都沉浸在日常的事物中，虽然能够体验到，也能够模糊地意识到我们所处时代的情感状态或倾向，但不能看到它们的本来面目，直到艺术家运用语言文字、动作、色彩和形状等，将它们清晰地呈现出来，人们才突然醒悟。这就是说，如果没有艺术家对人类情感的理解，一般人也很难理解自己的情感。当然，我们对情感的理解大都是由传统和习俗决定的，但是随着生活环境和时代精神的改变，仅用传统的那一套办法就很不够了，此时，艺术家们就会站出来，通过种种试验，找到一种新的理解我们自己的方式，以便对改变了的生活环境、时代精神做出更好的解释。艺术家总是站在一个与众不同的立场上，从一种全新的角度观看这个世界和情感。随着这种新的视点和视像被越来越多的人接受，它自身又变为传统的记忆和史料的记载。而这些记忆和记载反过来又激发出一种对更新的艺术视角的需要。如此下去，以至无穷（如图4-1）。

（a）中国当代艺术家罗中立油画作品《父亲》　　　（b）中国当代艺术家钟飙作品

图4-1　艺术帮助人类解释自己的情感

那么怎样使某种感受到的情感的或精神的内容在由色彩、线条、形状、图像等构成的物理结构（比如一幅画、一套服装设计作品）中得到艺术的体现呢？也就是怎样由情感转换为具体的、让我们可理解的艺术形式呢？这个问题主要涉及两个方面，即交流与媒介。社会中的各成员感知外部世界时都是依据特定的情感"语言"，不管这种语言是先天就有的，还是后天学习的，不管它的历史背景如何（是生物学的、社会学的，还是心理学的），其结果都一样：这个社会大多数人都用同样的情感语言来观看和体验这个世界。而这正是艺术家、设计师所需要的原始材料。这种材料只能是一个出发点或基础，艺术家必须把这种材料转变成一种全新的东西。但为了使这新的东西为公众接受，他们就必须使用人们熟悉的材料，这是实现沟通与交流的基本要求。这种情况同文字语言是一样的，我们可以用文字语言表达出相当新奇和独创性的思想，但必须使用人们熟悉的字眼。由于在某一社会群体中各种事物都有自己确定的文化意义（客观），艺术家就可以按照自己的需要随时利用它们。一切富有创造性的艺术家都要利用旧的文化意义去创造新的文化意义。另一方面，一件艺术品表现的欢乐和悲哀，很难同它采用的色彩、线条或声音、词语等分离开，艺术家总是用这些东西表现自己的直觉，使之变成一个能为公众接受的外部艺术品。换句话说，绝没有离开表现媒介而单独存在的意象或概念，一个画家总是用色彩、线条、形状去思考，一个服装设计师总是用款式、色彩、面料等去思考，一个音乐家总是用音符去思考。一个艺术家并不是先脱离色彩、语言或声音，想出他要表现的东西，然后再考虑用什么方式去表现他想出的"概念"或"意象"。只有当他能够用语言、色彩等形象表现这些"概念"时，才真正形成了某种审美概念——绘画的、诗的等。总之，艺术家的任务是采用一定的媒介将人类情感组织成一个有机的整体，而且即便是最微妙和最深奥的概念和想法也都必须用一种为公众接受的形式去表达（如图4-2）。

（a）陕北民间艺术家的作品　　　　　（b）中国当代艺术家周春芽作品

图4-2　色彩具有象征性的一面

相关知识与任务实施　色彩的情感效应

　　人们常常感受到色彩对自己心理的影响，色彩赋予我们诸多情感与精神内容。这些作用总是在不知不觉中发生，左右我们的情绪。色彩的情感效应（心理效应），发生在不同层次中，有些属于直接的刺激导致的（单纯性情感效应），有些通过间接的联想达到更高层次，涉及人们的观念、信仰（复杂性情感效应），在实际感受中，这两种效应往往很难区分开。色彩的情感效应非常直接并有着自发性、先验性，当人的经验形式与色彩刺激形式具有相同的结构时，情感就会被激发起来。这种"相同的结构"（简称同构）不是先天的，而是在社会生活中形成的。当然，色彩的情感效应绝不会是由知识附加给它的某一解释所引起的，毫无疑问的是色彩能够有力地表达情感，无论有彩色还是无彩色，都有自己的表情

图4-3　不同色彩具有其特定的情感意味

特征（如图4-3）。

（一）色彩的单纯性情感效应主要与色彩的三属性刺激相关联

由色彩的直接刺激引起的视觉心理感受是进入色彩审美经验的门户，也是色彩设计所依靠的基础。

色彩的兴奋、沉静感：决定因素是色相和彩度。一般来说，红、橙、黄等纯色令人兴奋，蓝、蓝绿等纯色令人沉静。同时这些色，随着彩度的降低其兴奋与沉静感减弱。

色彩的冷暖感：主要是色相的影响。色环中红、橙、黄是暖色，蓝绿、蓝、蓝紫是冷色，红紫、黄绿、绿、紫介于两极之间，白色偏冷，黑色偏暖。

色彩的轻重感：由明度决定，明度由彩度决定。以蒙塞尔明度轴为准，明度6以上使人感到轻，明度5以下使人感到重。

色彩的华丽、朴素感：受彩度的影响最大，与明度也有关系。彩度高或明度高则呈华丽、辉煌感，彩度或明度低则有雅致和朴素感。

色彩的明快、阴郁感：受明度和彩度的影响，与色相也有关系。高明度和高彩度的暖色有明快感，低明度和低彩度的冷色有阴郁感。白色明快，黑色阴郁，灰色呈中性。

色彩的软硬感：主要取决于明度和彩度。明浊色有柔软感，高彩度和暗清色有坚硬感，明清色和暗浊色介于两者之间。黑、白坚硬，灰色柔软。

色彩的强弱感：受明度和彩度的影响。低明度高彩度的色使人感到强烈，高明度低彩度的色使人感到弱。

色彩的空间感：取决于色相和明度。明色有扩大感，暗色有收缩感。暖色有前进感，冷色有后退感。在立体空间中，暖色、强烈的色、高彩度的色使人感到距离近，冷色、柔和色使人感到距离远。

（二）色彩的复杂性情感效应主要与色彩的知觉与抽象联想等更高级、更复杂的心理现象相关联

色彩的抽象联想是靠人的知识、经验维系的，年龄、性别、职业、身处的社会文化及教育背景等因素的不同都会引起联想的差异（如表4-1）。

表4-1　色彩与抽象联想

颜　色	关联和意义——色彩的抽象联想
白	清洁、神圣、清白、纯洁、纯真、神秘
灰	独立、自省、分离、沉默、孤独、平凡， 忧郁、绝望、荒废、死灭
黑	沉默、严峻、静寂、刚健、坚实、保护、严肃、限制， 死亡、阴沉、悲戚、生命、冷淡、悲哀、罪恶
红	热情、革命、热烈、喜悦、活力、力量、爱情， 愤怒、野蛮、幼稚、危险、急躁、肉欲、卑俗
橙	快乐、安全、创造力、明媚、明朗、欢喜、温情、甘美、华美， 嫉妒、疑惑、刺激、可怜、低级、焦躁
褐	古朴、沉静、坚实、古雅、朴素、养育， 世俗、退却、狭隘
黄	明快、明朗、希望、发展、乐观、光明、泼辣， 轻薄、猜疑、优柔、担心
黄绿	青春、和平、新鲜、跳动、希望
绿	新鲜、和平、理想、希望、深远、永远、公平、成长、真诚、放松， 抑制、俗气
蓝	无限、理智、平静、沉着、冷静、悠久、容忍、宽广、忠诚、严肃， 冷淡、薄情、冷清、冷酷
紫	高贵、古雅、优雅、高尚、古风、优美、神秘、严谨、沉思， 消极、消沉、不幸

　　任何事物都具有情感特征，而且这个社会中任何一个成员均可体验到其特定的情感意味。在这里色彩的抽象联想可以等同于语言形象，由于人们在心理感受上能产生等价联想，语言形象与色彩所包含的形象有共通的感觉（如图4-4～图4-6）。

图4-4　语言形象与色彩形象有共通的感觉

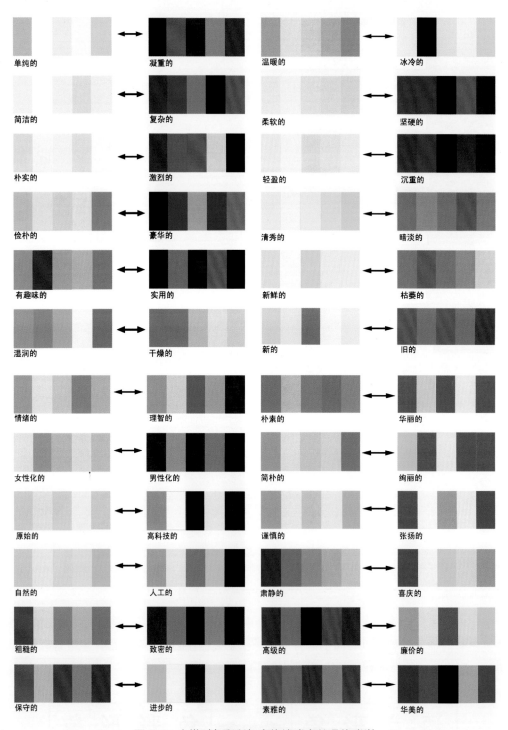

图4-5　人类对色彩所包含的情感有共通的感觉

此图收集整理出24组相反的语言-色彩形象，从侧面反映出色彩的情感效应

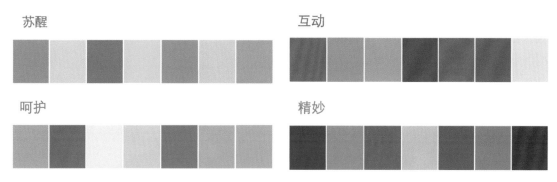

苏醒

互动

呵护

精妙

图4-6　抽象的语言转换为形象的色彩——以流行预测主题与色彩为例

课堂互动

（一）如何理解情感与艺术的表现？

（二）色彩的情感效应与色彩三属性、色彩的抽象联想的关系是如何实现的？

任务小结

综上所述，我们可以针对色彩问题得出结论。

① 对色彩的选择（设计）属于审美范畴，所谓色彩艺术的表现，就是对一种情感的审美理解（观照），即从一种"情感状态"转变成一种"美的意象"。事实上，色彩的审美观照是将色彩设计者与色彩使用者联系起来的唯一途径（色彩＝审美观照）。

②"色彩的感觉是一般美感中最大众化的形式"，色彩是一种公共性最强的语言，作为人与人之间情感交流的重要媒介而广泛存在（色彩＝交流语言）。

③ 情感的两重性（主观性和公共性）决定了色彩设计者和色彩使用者都是审美观照的主体。因此，色彩设计者必须敏锐地意识到我们所处时代的情感状态或倾向，运用色彩形象将它们呈现出来，自觉地认识色彩和创造色彩，就是艺术地、情感地把握现实（色彩＝社会意义）。

④ 设计者最容易通过色彩去表达他的设计意念，因此我们必须懂得和色彩沟通，像了解文字语言中的词汇一样理解它们各自的含意，它们是设计者表达各种情感、理念和信息的载体，是和公众沟通的桥梁。色彩之于艺术家、设计师就像音符之于音乐家、语言之于演说家一样重要：每一个音符或字词的自身用法，加上与其他音符或字词的关系，以及其特有的使用者，决定了它们自身所要表达的一切。

知识拓展　色彩审美的影响因素

色彩脱离它们本身仅有的含义，与社会文化结合起来时，就变得意义丰富而复杂。当人类生活产生巨大的变动，心灵中存有伟大而深沉的内容时，色彩就成了我们不可缺少的精神寄托空间。

决定色彩审美的因素与某些重要的社会因素和个性因素有关，具有强烈的地区和阶层性，具有很强的时间性和空间性（比如某种色彩往往随着它对人用处的不同或是否流行而引起不同的反应）。

（一）不同的文化特征、生活方式，引发不同的色彩喜好与需求

某一个体对色彩的喜好折射出的是所属群体的社会性，文化共识是审美共识的基础，色彩的喜好基于文化认同（如图4-7）。

（a）生活在缅甸和泰国边境地区的喀伦族人，被称为"长颈族"，女子的脖子、手腕和脚踝上都有一圈铜环，服饰色彩鲜艳、质朴

（b）华欧拉尼人生活在厄瓜多尔的亚马孙河流域，与世隔绝。以着裙装为主，服装多为几何纹样或白色

图4-7　不同的文化特征、生活方式，引发不同的色彩喜好与需求

（二）审美态度在共同的地域背景和人文背景下有大致相同或相似的表现

影响色彩审美心理的主要因素在于经济、文化和艺术。在特有的文化、地域色彩环境影响下，人们往往有独特的区别于其他色彩环境的色彩审美情趣，这就决定了这些特定区域的色彩取向。红色是中华民族最喜爱的颜色，代表着喜庆、热闹与祥和。中国人近代以来的历史就是一部红色的历史，承载了国人太多红色的记忆。中国红氤氲着古色古香的秦汉气息，延续着盛世气派的唐宋遗风，沿袭着灿烂辉煌的魏晋脉络，流转着独领风骚的元明清神韵，以其丰富的文化内涵，盘成一个错综复杂的中国结，高度概括着龙的传人生生不息的历史（如图4-8）。

图4-8　中国红是国人内心深处的色彩情结，被人们持久地选择

（三）社会思潮对色彩审美态度的影响较大

政治、经济、文化的一些重大变化形成潮流对色彩审美的影响是非常广泛深刻的，有时具有决定性意义。这些由政治、经济、文化、生产技术进步引发的社会思潮首先体现在一些艺术载体上，如影视、美术、戏剧、音乐、小说等可能影响人们审美情趣的艺术形式，以及各个与生产技术进步有密切关系的设计领域，如服装设计、室内设计、家具设计、建筑设计、工业品造型设计、纹样设计、手工艺品设计等，这些艺术设计领域审美情趣的变化对色彩的喜好往往有较大的影响。例如，早在公元前中国和西方多国就已通过丝绸之路进行丝绸贸易和文化交流，中国的丝绸通过丝绸之路源源不断地运往西方，极大地影响和丰富了西方服饰文化。除了纺织材料本身以外，中国的花机和花本纺织技术，更是对欧洲影响深远（如图4-9）。

左图，Chinoiserie—20/21秋冬主题趋势一览：贝尔艾尔蓝。14~17世纪大量的中国商品流入欧洲，欧洲人对东方文化产生无限的畅想。青花瓷等物品上的中国古典色彩在当时盛行的洛可可风格的欧式化处理下变得更加粉彩。贝尔艾尔蓝就是经典的东西方文化共融的产物。右图，青花瓷礼服来自Roberto Cavalli系列秋冬礼服设计

图4-9 社会思潮、文化艺术影响人们的审美情趣

（四）生产技术的进步极大地改变人们的审美态度

计算机技术的进步和网络技术的发展使我们步入后信息时代，距离感的消失、直接、无所顾忌、简单、自然等后信息时代的特征正在影响我们的方方面面。纱线原料和纱线织造技术的进步已经为服装色彩打开了一个新的表现领域，色彩外观的新鲜感也是影响色彩选择的重要因素（如图4-10）。

（五）个体因素对审美的影响不容忽视

在大的地理环境、文化背景和生活环境相同或相似的条件下，个性心理，包括气质、性格、动机等都是影响色彩审美的因素（如图4-11）。

（六）当前色彩审美方面普遍关注的问题

包括：传统和艺术的回归，对人性的反思，对快乐和简单的追求，重视自然和自然的力量、技术的发展等。

图4-10　生产技术的进步改变人们的审美态度

图4-11　个性中的气质、性格、动机等都是影响因素

任务二 服装语言解读

任务分析 服装语言解读

社会学家告诉我们，服装是一种符号的语言，是一种非言辞系统的沟通。服装是一种传达穿着者信息的"无声语言"或符号系统。数千年来，人类初次的沟通往往是通过服装传达信息的。人们在交谈之前，通过穿着已经可以得知对方的性别、大致年龄和社会阶层，甚至可以读出一些更重要的信息，比如职业、个性、品味、兴趣，还有最近的心情。对于服装语言，我们可以运用不同的理解方式去细心体会，通过服装观察到的结果在不知不觉中已经牢记于心，交谈的双方都用同样的方式在互相评价。可见人们从谋面的那一刻起，已经用一种比语言更古老和更具世界性的方式在彼此沟通，这就是服装。在语言上，有的人能把一句话表达得清晰而有品位。在装扮上也是如此，态度和物质内容一样重要。唐朝《薛仁贵征东》第十回写道："人常说：'人靠衣服马靠鞍。'这一身盔甲穿在薛仁贵身上那就更显得威风凛凛了。"从来没有孤立的服装色彩设计，设计者对服装的本质问题需要有见解，而独立见解是建立在对服装及穿着者具有敏锐直觉与观察力的基础之上的。设计师要学会运用独特的理解方式解读消费者的不同需求，要掌握解读服装语言的能力。

相关知识与任务实施

（一）服装语言形式

1.服装的词汇

如果服装是一种语言，就必须和其他语言一样，有词汇和语法。像人类语言一样，服装语言也应该有很多种。在每种服装语言间，也存在不同的方言和腔调。犹如口语一样，每种服装都有自己特有的词汇和多变的语调和语意。服装的词汇就是我们常说的服装服饰，包括衣服、发型、装饰配件、化妆品等。只是每个人拥有的词汇数量可能大不一样，世界各地的发展水平各异，战乱、穷困地域可能仅有几件保暖遮体的衣服，配来搭去就只有那么几个有限的"词汇"，只能表达最基本的概念而已，诸如棉衣、单衣、布鞋、白色、黑色、红色、蓝色等（如图4-12）。超大城市时尚潮流的引领者可能拥有上百件服装，这上百个供其表达的"词汇"能够组成成千上万不同的"句子"，传递许多不同的含意，展现各自的审美特点。不论是在商场还是在自家衣柜里挑选衣服，挑选的衣服就是在定义和形容穿着者自己。

图4-12 战乱、穷困地域拥有的服装词汇相当有限

2.古老的语言

服装语言就像说话一样，也有现代语和古代语，本地话和外来语，方言、口语、俚语和粗话。穿着从前的衣服，或是有技巧地模仿从前的衣服，就像作家使用古语一样，呈现一种文化、学识或才智的味道。人们日常生活中基本不会全身都穿一个时代的衣服，如果真的那样穿，反而让人觉得是在做表演。如果混杂一些不同时期多样式的服装，则暗示一种迷惑但是独创的夸张人格。在中西方服饰史上，都曾出现过类似的服装语言表述（如图4-13）。

（a）19世纪西欧时装画　　（b）18世纪中欧民间服装　　（c）唐代宫廷服装

图4-13 不同时期多样式的服装

3.外来语

本国服装中有外国服装风貌的叫外来语服装。众所周知，汉文字语言具有强大的生命力，虽然对外来语不断吸收而本色不改且愈发具有生命力。中华民族是具有悠久历史的衣冠古国，汉代的丝绸之路，贯通了中西友好交流通道，使大量丝帛锦绣不断西运，拓展了世界对中国服饰的认知，传闻罗马皇帝穿着中国丝绸服装进入剧场时，竟使在场的人惊羡不已。例如，在唐代，丝绸销往日本后深受欢迎，被称为"唐绫"，于是日本都城开始仿织"唐绫"。宋代，日本派人来中国学习织造技术，回国后在博多采用中国技术改造了旧织机设备，出产的纺织品取名为"博多织"，闻名于世。今天所见日本的民族服装和服，明显可见唐代服饰的影子。同样，中国服饰也有受外来和不同民族服饰影响的历史，所以相互影响而产生了许多服装上的"外来语"。例如，汉语中精梳毛呢面料凡立丁，也称凡尔丁，是由音译（valitin）而来的名称（如图4-14）。

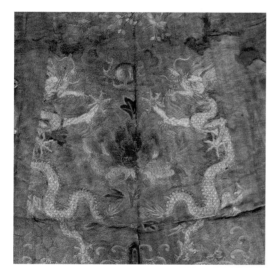 

唐代的"绫"　　　　　　　　　　　　　　　博多织

图4-14　世界贸易往来促进了纺织服装外来语的形成

4.俚语和粗话

俚语就是日常会话，不求咬文嚼字、严谨精密，但求轻松、随意，对应的衣服是便服，像牛仔裤、运动鞋、围裙和家居服等。这类服装宽松、随意，色彩不拘一格，不宜在正式场合穿用，适合普通场所。

就像人在某种特殊情况下，比如在强烈愤怒情绪支配下忍不住要口说粗话一样，服装语言里讲"粗话"的情况也不少，当那些很少出现，而且一般被禁止的服装字眼突然出现时，会有比较大的冲击力。比如，在中国魏晋时期的男士宽衣博带服饰，袒胸露腹、不拘小节，近现代的牛仔装等（如图4-15）。

图4-15　魏晋时期的男子宽衣博带服饰、近现代牛仔装

5.形容词和副词

"非常华丽、十分前卫、特别时尚、光鲜靓丽、魅力十足、古典优雅、绚丽非凡、俏皮可爱、雍容华贵……"，服饰品和附件作为修饰词在中西方的服装传统文化里是服装的重要部分，一直很受重视。在我国少数民族传统服装文化中，服饰品占有非常重要的地位（如图4-16）。

（a）18世纪奥地利传统服饰　　　　　（b）我国哈尼族传统服饰

图4-16　装饰品和附件是形容词和副词，对整体服装起修饰作用

6.特定场所和时间的自我发言

任何服装的意义，都和说话一样，要视环境而定。任何地点和时间的改变都可能改变服装的意义。穿上合乎某一场合的服装，表示他融入了该环境，尤其是在诸多行业聚会、社会活动等时。中国传统人物画和戏曲表演服装，为了表现出人物的姿态特点，不用写实法而用

象征法，不求形似，而求神似。服饰的语言表现以线描着色为主，所以着装人物的神态飘逸灵动（如图4-17）。

（a）南唐画家顾闳中的绘画作品《韩熙载夜宴图》的素妆艳服 　　　　（b）现代京剧服装色彩

图4-17　特定场所和时间的服饰色彩

7.普通语言和极端语言

服装的表达和语言一样，从最异常的陈述到最普通的陈述都有。最异常的是穿着极度不一致的装束，就好比说话时把句中正确的文法秩序更改了，或者从异样的角度陈述，看起来就会非常独特，甚至很疯狂（如图4-18）。

图4-18　在黑白的世界中，充满创造力的极端服装语言

最普遍的是穿着传统的普通服装，在每一个名称下有其既定的风格，人们一看就能"对号入座"，这是医生、那是刚入职的职员等。社会学家认为"去认同和主动参与某个社交团体，都会和人类的身体和身体上的装饰品和衣服扯上关系"。个人的社会角色越重要，他或她越可能特意装扮（如图4-19）。

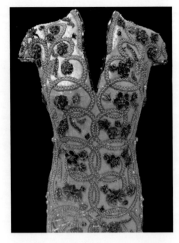

图4-19 以珍贵的传统工艺为卖点，充满细节的昂贵定制服装

图4-20 身着西装的管理人员

某些情况下，传统的普通装束在外来人看来可能像"制服"一般标准。比如高中生穿蓝色牛仔裤、运动鞋和T恤衫，政府或公司职员穿西服套装、打领带等。可是一些对着装极为讲究的人却会留心其中的差异。有人能从西服的裁剪和面料猜出对方的收入，瞥一眼他人穿的牛仔裤，就可以分辨裤子上的小洞是机能性的、装饰性的，还是真的不小心弄破的。

（二）服装语言与行为

1.制服

制服是指一群属于相同团体的人所穿着的服装，用以辨识从事各个职业或不同团体的成员，像学生、军人、医师、护士和警察等职业的人经常穿着制服。制服不像一般的常服，它具有强烈的象征性——政治的、国家的、法律的、某一团体的，显示穿着者的社会角色（如图4-20）。

2.富于表现力的语言

就像富有创造力的作家，善于将别人想象不到的文字或影像组合起来一样，有才能的设计师也懂得通过组合老式和新式、本土和外国、民间和正统的服装元素来表现丰富的个人主张（如图4-21）。在服装语言中，陈词滥调和疯狂表达之间包含一切会话、雄辩、机智、讽刺、幽默、宣传、浮夸、同情、冷漠和非常罕有的真正诗意的表达等。使用不当的强烈色彩和夸张不协调的款式就好比用太大或太刺耳的"声音"对着别人说话。

3.谎言和伪装

任何语言都可以透露正确的信息，也可以显示错误的信息，服装语言也一样，衣服上的谎言包括不诚实、含糊、错误、自欺、误解和捏造等问题。衣服的谎言可能是善意的，比如借一身体面的套装去某大企业应聘；也可能是特意的，比如某女士通过穿着的服装显示自己更年轻。服装谎言可能是自愿的，比如穿上时尚的服装去赴约；也可能是被迫的，比如不喜欢穿套装打领带的人因为单位规定而必须要穿这类衣服。

图4-21　C.J.YAO上海时装周作品，服饰局部的
错位搭配，展示幽默、随性的设计风格

图4-22　电影《流浪地球》宣传海报

　　演艺服装是"谎言"的特例，为了剧情的需要演员临时穿上表演服装道具。然而，有时候只是演员角色暂时的影视服装，例如，电影《流浪地球》中的科幻服饰（如图4-22）。服装可以迅速而明确地传达出年龄、阶级、地域、民族等信息，可能还包括职业和性格，对此电影、电视等节目的导演当然很清楚。假如剧目的设计师特地为一位演员设计一件或几件衣服，而这个剧目一经公演迅速走红，结果剧中这位演员的衣服就会被看过节目的人接受并模仿，他们穿着以后又有更多的人模仿，最后就真的演变成了标准而主流的装束了，例如，电影《街上流行红裙子》（如图4-23）。

4.为"成功"而装扮

　　当今装扮的困难是多姿多彩的审美趣味和风格各异的服装价值观。我国传统的文化、习俗强调内心的善与含蓄美，西方的着装观念更倾向于外在的展现。

20世纪80年代电影《街上流行红裙子》，
在社会上引起强烈反响

图4-23　演艺服装的语言

现在东西方的着装观念逐渐改变、融合、包容。经营商通过各种广告和时尚杂志告诉人们，要让自己呈现最美好的一面，要释放内在的自然美；流行专家告诉人们要用时装表达个性审美，这些改变随着商品经济的快速发展成为不可逆转的趋势（如图4-24）。只不过现在服装担负了过多而又相互冲突的功能，普遍的心理反应会表达失序。例如购买冬季服装，希望衣服可以保暖，看起来要值钱、时髦，同时还要展现他的教养和身材，一件衣服当然不可能满足所有这些需求。所以，正如语言常发生的一种情况，那就是想表达的内容又多又矛盾时，没办法找到正确的"字眼"说出想表达的意思，这大概是人们时常抱怨买不到合意服装的原因之一。

图4-24　2022春夏中国国际时装周 LINC CHIC "硬糖派对" 主题秀

5.穿衣服的目的：实用、审美

人们穿衣服也像讲话一样，是有原因的：让生活和工作更舒适、更容易，服装的实用和审美变得同样重要。现代社会服装方面的实用主义（主要考虑保护功能方面，比如御寒保暖等）已经被消费主义或魅力主义所牵引，在更多的集会场所穿的衣服虽然也遮风蔽体，但主要是用来显示穿着者的身份地位，或者让他或她看起来更有魅力的。现代流行加传统文化的混合设计变为时尚的宠儿，各类职业装、运动休闲装更趋向于在实用的基础上融合装饰和审美的元素（如图4-25）。

图4-25　2019 FW LI-NING（李宁）主题设计将当前流行的街头元素与我国国粹经典文化底蕴融合

课堂互动

（一）服装语言的形式有哪些？如何表达？试举例说明。

（二）服装语言与行为有哪些？如何表达？试举例说明。

实际上，服装语言与行为方式有很多，诸如日常生活中各行各业的职业装、表演装、特种功能服装、民族服饰、国内外品牌服装等，服装语言的形式就是对服装行为的表述。

任务小结

人的整个外观是由服装、饰物、人体特征、情绪状态共同构成的。其中服饰常常是最重要的因素。服饰语言是指通过人的衣着打扮，揭示人的思想性格、传递信息、增强交际效果的一种手段。即使沉默无语，服饰作为一种符号和象征，也在表明你的身份、个性、气质、情绪和感觉，也可以反映你的追求、理想和情操。服饰同人的言谈举止一样，有着强大的传播功能，它能显示你的职业、爱好、性情、气质、修养、信仰等，一般来说，它的变化对人传递信息的影响速度比语言文字还快。

因此，任何一个人，只要通过文化适应熟悉了我们的语言（广义的语言）和社会习俗，情感特征都将是他知觉到的外部世界的一个有机组成部分。无数事实都证明了这一点。在我们生活的地方，外部世界的任何事物都具有情感特征，而且这个社会中任何一个成员均可发现它们。例如，在日常生活中，我们常常发现某种色彩太"刺眼"，某种嗓声太"刺耳"，他的面部很"友好"，漫长的冬季很"萧条"，春天是"欢乐"和充满"希望"的等。大部分人都能感觉到，一个黄色的房间极其"明快""轻松"和"令人振奋"，而一间黑色或深紫色的房子则"阴沉""忧郁"和"压抑"。一个阴云密布的天气总被说成是"阴沉"的，一个阳光和煦、春光明媚的天气总被说成是"令人心情愉快"的。在这个社会的大多数人看来，棱角分明的图形和物体是紧张、敌对和焦虑不安的，圆润的曲线则是温暖、平和、亲切友好的；红色和橘红色往往被知觉为温暖和随和，蓝色往往被知觉为冷静或严峻。总之，种种由文化背景决定的主观反应，均被视为外部环境的一个组成部分，正如色彩和形状也被视为事物的一部分一样。

知识拓展　色彩在服装语言中的作用

服装是人类生命里唤起强烈情感的一面，有些热情愉快，有些则相反。电影里表现主人公幻想的场景往往涉及许多美丽的衣服；最令人不安的噩梦，往往是发现自己衣冠不整地站在公众场合。在服装语言中，最重要的符号、最直接的影响是色彩。

服装的色彩就像语言的声调，会改变服装其他部分，如款式、面料和饰品的含义。同一款式的礼服，白色和紫色的意义就全然不同。在某些情况下，有些色彩的使用还受到既定风俗习惯的约束，比如色彩的禁忌等。

色彩虽然是心情的标志，但不一定绝对正确。因为传统习惯已经设定了某些色彩的含义。比如，作为礼服的男装西服绝大多数是深蓝、深灰等沉着稳重的颜色，只有衬衣、领带才可能表达自我感受。

色彩的含义会根据穿着时间和地点的不同而有所改变。比如同样一件红色的衣服在办公室穿和在舞厅穿完全不同；大热天可以穿浅色西服，但在寒冬穿就让人觉得很不正式（如图4-26）。

图4-26　几乎同样的色彩在不同的环境里出现其含义也不相同

任务三　服装色彩意象

任务分析　**色彩意象**

　　"意象"的概念是出自中国传统美学的范畴。"意"即主观情意，是指在创作过程中设计者的个人感受、情致和意趣；"象"即外在物象，是指客观对象经设计者想象后的形象。在色彩设计中，"意象"是指设计者主观情感意愿与客观对象交融而成的心理形象。

　　从消费文化的角度看，所有种类的服装都有追求创新的取向，一种面料、一种颜色的服装多年不变仍能畅销的情况几乎不可能发生。只是常规性服装色彩的创新是稳定地升级换代，呈渐进式；而时髦服装色彩的创新为标新立异、不落俗套，反叛的意味更浓一些。当然，彻底反传统也很难为大多数人接受，往往被看作是少数人的怪诞和扭曲心理。因此，服装色彩的创新，总体上呈开放式的螺旋运动，只能说是似曾相识。

　　无论是稳定地升级换代的色彩创新，还是标新立异、不落俗套式的色彩创新，最终目的都是"让消费者感觉到我的感觉"，即通过设计让消费者认可，产生共鸣。同样是从事色彩设计，有两类明显不同的工作理念。一类是把关注点完全放在消费者上，通过对消费者需求的各种调查研究，在取得客观参数的基础上"合乎逻辑地使用（色彩）语言"。这一过程中理性成分居多，逻辑性较强，好比用小说或散文里"合理叙事铺陈情节"的手法来唤起消费者感情。另一类更像诗人，对语言的使用采取"另辟蹊径"的方式来引起共鸣，他们把更多的关注点放在了"观念"上，"观念"中与大众、社会、自然、人性相关的一切成为他们思考的角度、追求的目标以及创意的萌点。他们想象丰富、畅然神游，出人意料，以独特的艺术演绎方式带给消费者更为超脱、辽阔、悠远及更具有幻想的审美感情。前者重"理"，后者重"情"。理念上偏重于情也好，侧重于理也罢，设计者心中的情感、理念或谓之设想、计划都必须转化为具体色彩及其和谐搭配方能让消费者感知，进而引起共鸣。

一些专业机构发布的预测信息，其形式是色彩，归纳的逻辑是主题，对创意色彩的表述形式，多用具有丰富视觉信息的画面配以轻描淡写的文字解释，是我们学习创造色彩新意象很好的范本。

相关知识与任务实施

我们通过解读几组色彩意象创新实例，以窥探色彩设计师们是怎样致力于打开色彩新领域的。

（一）主题的意象表达

以国产休闲装品牌美特斯邦威服装色彩流行趋势提案为例。

第一主题：幻影

灯光与焰火的媚惑色调，在变幻的色彩里展现的是现代的设计意念，这个主题里色彩是流动的、不断变化的，在深沉的背景颜色中，明艳的颜色还散发着光芒（如图4-27）。

图4-27 幻影主题

第二主题：光滑

充满未来感觉的铁青，穿透玻璃的灰冷都是能体现未来的颜色，那种冷冷的颜色在光滑的表面上反射着现代的光芒，而突破冷感的红黄色调给这组颜色带来生命的活力（如图4-28）。

图4-28 光滑主题

第三主题：氢气

来自海洋和天空，轻快而自然的颜色仿佛能让你飘浮在天空中，飞向未来和梦想。各种层次的蓝色调，丰富而深邃，给设计带来了无限的可能。总体色调的纯度温和亲切（如图4-29）。

第四主题：魔方

这个系列里上演的是年轻活力的色彩魔法，缤纷的颜色互相碰撞组合，就像魔方上的色块，有趣而且多变，平面主义和几何的变化让设计变得更加艺术（如图4-30）。

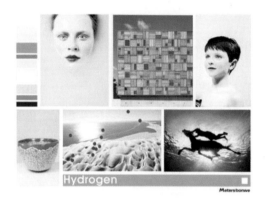

图4-29　氢气主题

图4-30　魔方主题

（二）自然色彩的意向表达

自然色彩的意向表达如图4-31所示。

（a）纸作为一种简单的材料也能触发对色彩的新尝试——自然有机的乡村感肌理

（b）混凝土带来的灰调都市背景，融入动感的红色，令整个季节沉稳下来

（c）云朵柔和而带有微妙的光影，呈现出轻微的浮雕效果，有一种流溢释散的感觉

（d）四溢的中国墨汁为抽象的概念带来了精神与感官上的暗调

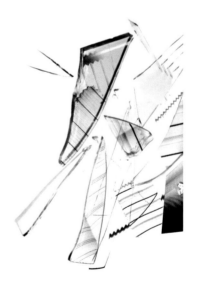

（e）夏日天空，太阳发出耀眼的光辉，以闪耀的纯色形式或以更具有机感的色彩搭配出现

（f）镜面与玻璃层叠的效果改变了色彩与光影的原貌，随意而尖锐的边缘线赋予夏日冰冷严峻的酷感

图4-31　自然色彩的意向表达

课堂互动

（一）什么是色彩意象？

（二）选择一个主题，进行主题意象的色彩设计。

任务小结

　　服装反映一个时代的态度，它们是一面镜子，而不是像科技发明那样的原创物。人们需要服装、使用服装、丢弃服装，就像使用文字一样。因为衣服符合消费者的需求，并且表达他们的观念和情绪。他们会去买和穿能够反映他们当时的心境或他们希望成为什么样人的衣服，而其他那些不符合需求的衣服，不论怎样大肆宣传，人们都不会去买。真正有能力预测每一年人们希望衣服所表现的风貌的设计师肯定是天才的服饰艺术家。

　　设计师是一个具有两重性的角色，一方面必须依靠一个社会中早已得到确立的色彩的意义，另一方面又要创造出新的色彩意义，以揭示消费者随时代变化的价值观，即情感。可以肯定的是，新的色彩意义是在以往的色彩意义基础上产生的；新的色彩必须要能与以往的色彩很好地融合，并且又有不同于以往的新鲜感。这二者是统一的、不可分割的有机整体，缺少任何一者都将使色彩的创意（创新）走向歧路。这正如我们在本项目任务一所讲"由于在某一社会群体中各种事物都有自己确定的文化意义（客观），艺术家就可以按照自己的需要随时利用它们。一切富有创造性的艺术家都要利用旧的文化意义去创造新的文化意义"。

知识拓展　　**主题–色彩意象–色彩设计**

　　某秋冬季男装流行主题"每分钟节拍"的服装色彩意象如图4-32～图4-34所示。每分钟节拍：用生动的绘图和技术方式描绘最细微的美妙混合式乐章。

　　关键词：细微、技术、图形、醒目、清晰、整洁。

图4-32　为"每分钟节拍"提供灵感和基础的图像

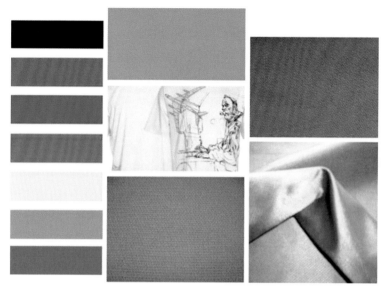

图4-33　"每分钟节拍"的色彩与面料选择

图4-34　"每分钟节拍"的服装色彩意象

◌ 教学与实践评价

项目训练目的：

通过色彩情感与服装色彩意象的教与学，让学生在任务学习中掌握中式服装服饰色彩情感与意象的表达方式，为今后的专业学习打下坚实的理论与实践基础。

教学方式：

1.让学生围绕服装与社会、人的生活方式展开讨论。

2.教师结合具体服装引导学生观察、领会服装语言。

3.通过多媒体让学生观看大量优秀服装设计作品。

教学要求：

1.要求学生了解影响色彩喜好的多种因素。

2.要求学生理解服装语言的多样性和复杂性。

3.要求学生对服装色彩创意有清晰的认识。

实训与练习：

教师指定两个任务主题，让学生围绕主题进行服装色彩意象的创新实践。用粗放、轻松自由涂抹的方式表达色彩意象（而不是深思熟虑地查阅很多间接资料后"填写"），既要有个性又能被别人普遍理解。

项目五
服装色彩设计是
"以人为本"的再创造

学习目标

1.知识目标：中华传统道德文化是国学的重要组成部分，理解国学中蕴含的真、正、善、光明、美，认知服装色彩"真、善、美"的含义，并能根据"真、善、美"的含义了解它们各自的体现形式和方法。

2.能力目标：了解服装色彩不能仅从一般的色彩层面上考虑，只有把各种影响和制约服装色彩的社会化、个性化因素进行再创造，才能把"以人为本"落到实处。

3.素质目标：掌握服装色彩"以人为本"的设计内容，了解目标客户群的需求，能对色彩设计师、服装设计师、生产商进行引导，了解面料色彩与图案纹样的关系。

项目描述

国学是中华优秀传统文化的重要内容，坚持"以人为本"，继承和发扬中华优秀传统文化，积极建构社会主义核心价值体系，传承中华美德，增强民族文化认同，树立民族文化自信也是我们本项目的学习目标。在中华优秀传统文化中，影响服装形式美感的重要因素之一是服装色彩，无论是纯艺术的创作还是实用性的设计，色彩的要素显示了它的无穷魅力。服装色彩不仅是服装形式的外向表现，更代表了服装形式美感的象征意义。人们通过不同形式的感觉，认知外部世界的变化，进而做出合理的判断、欣赏、评价。感性的成分只有上升为理性的研究，才能形成科学的思维模式。诚然，对服装色彩的学习与应用，无非也是围绕"人"来展开的；树立"以人为本"的设计理念和意识，更是我们从业者应该遵守的设计法则。"美是人的本质力量的对象化"，只有考虑人的因素来研究服装色彩，才能具有实际的可操作性和意义。

本项目重点任务有三项：任务一，服装色彩的"真、善、美"；任务二，"以人为本"的服装色彩社会化和个性化因素；任务三，服装色彩设计"以人为本"的内容。

任务一 服装色彩的"真、善、美"

中华传统道德文化是国学的重要组成部分。国学是炎黄子孙的中华之学，是表现中华民族传统社会价值观与道德伦理观的思想体系。我们要学习国学中蕴含的真、正、善、光明、美。

（一）服装色彩的"真"

中华传统国学中的真，是要以诚待人，真心处事，回归最真实的本源。"修身"就是其中重要的一个"真"。古人在日常生活中体现出的修身就是择善而从，博学于文，并约之以礼。

服装色彩的"真"指的是服装色彩的原理性、规律性，即服装色彩的物理性能和色彩原理，一般体现在色彩的三属性（明度、纯度、色相）方面。服装色彩的明度建立在色彩明度的基础上，不同色彩明度的组合，需要按照一定的客观规律形成有次序的、有前后的色彩视觉距离。例如，穿一件黑色的西装和衬衣，配一条深色的领带，这时候就需要考虑到它们的明度关系，否则会显得色彩灰暗、平庸。服装色彩的纯度是服装色彩的鲜艳程度，一般情况下，服装的色彩不能太艳、太纯。现实生活中，也会出现色彩很艳丽的服装，但如果搭配不好的话会显得很土气、很生硬。当然，在偏僻的乡村，今天还能看到色彩很艳丽的服饰，甚至是互补的色彩搭配，但在那种特殊的着装环境下，显得质朴而又单纯。按色相来分，服装色彩也同样具有各类色彩的特点和属性，人们根据各自的着装需要和色彩喜好而选择不同的服装色彩。服装色彩的"真"实际上是色彩属性的真实性，也是色彩的基本规律在服装上的特殊应用。

（二）服装色彩的"善"

有关于善的记载，《三字经》曰："人之初，性本善。"

"上善若水，水善利万物而不争，处众人之所恶，故几于道。"老子将善比喻成水，最高尚的善就如同水一样，使万物受益又不与万物相争。《周易》曰"天行健，君子以自强不息；地势坤，君子以厚德载物"，意谓大自然的运动刚强劲健，与此相应，君子也应当刚毅坚韧，发愤图强。

中国传统服装色彩的"善"多指其在伦理道德方面的含义，即服装色彩的心理趋向和感情色彩，主要表现在不同种族、不同文化、不同地域、不同宗教礼仪的人文思想和着装色彩方面。服装色彩"善"的行为是多种多样的，特别是在阶级社会中，服装色彩的等级制度实际上是一种对伦理道德的遵循。在日常生活中，服装色彩的"善"是随处可见的，在某种程度上，甚至是对一些色彩的忌讳。比如参加婚礼仪式时，就不能穿过于刺眼或太花哨的服装，否则，就是对主人的不尊重。虽然这是礼仪之举，但这正是服装色彩运用"善"的一面。中国封建社会时期的"三纲五常"，讲究服装色彩的等级观念，相对于当时的社会环境来讲，它符合该社会的着装审美观念，无论是社会上的哪一阶层人员，大家都自觉或不自觉地遵守着社会上的道德伦理思想，共同维系着当时的社会秩序。可见，服装色彩的"善"有维护和屈从于该社会环境的倾向，符合当时社会文化特征的深层含义；如果违背当时的社会环境，则会被淘汰或被扼制。

（三）服装色彩的"美"

中国古代美学中许多概念的提出，都是基于"一分为三，三生无限"的中国古代哲学观。在这种"一分为三，三生无限"的哲学观指导下，中国美学一直紧守和沿用"中和"的美学原则。"美者，非丑也。真美者，为见真行善也，道之所然。"美是由"真"和"善"汇聚的一种对心灵的升华。美是人生道路中一种独特的追求，只有拥有了"真"和"善"，才能成就一颗真正"美"的心。

服装色彩的"美"指的是其在形式和构成上的含义，即服装色彩的形式美、服装色彩的和谐性。其多表现在服装设计中上下装之间、内外衣之间、结构之间、零部件之间的色彩组合搭配和系列安排上。实际上，关于美的说法有很多，至今没有一个完整的定论。当然，服装色彩的"美"也是针对服装而言的，虽然它的范围有所界定，但它的内容却是很宽泛的。服装色彩的"美"是一种对服装色彩感性认识的完善，服装色彩"美"的形式又是依附于服装造型之上的，它随着服装造型的完善而完善，服装造型的调整、修改，势必会影响到服装色彩的面积与比例的关系。"美"是一种和谐的理念已得到许多人的赞同，同样，服装色彩的"美"也是服装色彩的和谐，具体表现为服装色彩的实用性和装饰性要和谐统一。在色彩的运用上，前面已经讲过，色彩的对比与调和、色调组织、色彩的情感意象，都是围绕服装色彩的实用性和装饰性而言的。要取得和谐，就要充分掌握其规律性，合理地组织搭配，还要有较强的色彩组织协调能力。

相关知识与任务实施

（一）如何体现服装色彩的"真"

体现服装色彩的"真"，首先要掌握色彩的基本原理，色调组织、色彩组合与搭配的方法；其次应培养整体处理色彩的协调能力，并能在大自然中汲取营养，寻找色彩设计灵感，更好地把握对色彩的驾驭和应用。服装色彩的"真"在现实生活中是显而易见的，除了基本的色彩元素以外，服装色彩与材料、款式也紧密相连。比如，一场精彩的时装秀，除了要体现服装色彩的真实性以外，更重要的是要体现服装色彩的搭配、色彩与面料肌理效果的协调等。有史以来，人们对服装色彩的追求和热爱是没有停止的，无论是天然织物还是合成纤维，在保护机能的基础上，人们最大限度地发挥它们的装饰性。今天，手工制作的纺织品逐渐由机器来代替生产，合成纤维的面料色彩虽然很鲜艳，但从服装卫生学的角度来看，它对人的皮肤并没有太多的保护性，而天然的面料色彩逐渐被人们看好。另外，服装色彩的"真"还体现在款式的设计上，好的服装设计作品不仅要用合体的结构、恰当的面料，更重要的是用适合的颜色。一件工艺精湛、款式新颖、线条流畅的羊绒外套，如果选择的色彩过于花哨、刺眼，可能会减弱服装本身的实用和欣赏价值，使之与整个着装环境、着装氛围相差甚远。可见，要体现服装色彩的"真"，就要恰如其分地传达服装设计中的其他因素，并能与之相协调。

作为服装色彩的"真"，单从色彩的三属性上来讲，不同的文化背景，不同的风俗习惯，服装色彩的表现形式也不一致。人们着装色彩的外观情景是一种长时间的、固定的外观符号，这种符号代表了一定的社会意义，这种社会意义就形成了人们对这一符号的固定认识。例如，古代人们从红色的天然植物中提取染料，染出自己喜爱的布料和装饰物，这种天然的染色成分经过历代的延续和继承，形成了概念性的色彩知识，并以文字形式的记载使它成为理论体系，使后人得以应用和推广，来实现服装色彩"真"的存在（如图5-1）。

（a）《国际纺织品流行趋势》推出的秋冬羊毛和棉质的　　　（b）服装色彩的"真"是对大自然色彩的
　　　平针织面料混搭绗缝效果的面料　　　　　　　　　　　　概括和模仿

图5-1　服装色彩的"真"

（二）如何体现服装色彩的"善"

体现服装色彩的"善"，首先要了解中外服装的历史演变，了解不同时代、不同民族、不同地域人们的服装色彩倾向、心理特征、色彩情感；其次要熟悉服装市场销售、成本管理等商业内容。"以人为本"的色彩设计理念，虽然在"善"的概念中伦理占的比重大，但服装色彩的商业价值也是不容忽视的重要环节。只有把传统的民族特色与国际市场化的运作结合起来，才能更加体现服装色彩中"善"的真正内涵。要体现服装色彩的"善"，我们还要解读服装，了解它的一些代表性的符号系统，当然也包括服装色彩方面的使用历史、文化特征、通俗习惯、书面称谓、地域差异、年龄层次等内容。文化差异很大的两个民族或国家，是很难在服装色彩的应用上形成统一规范的，即便大家在着装色彩上能临时性地取得一致，但长时间后，大家还是退回各自的色彩领域，固守着自己本土的服装习惯用色，这种习惯性或许就是对传统的一种继承和延续，这也是对服装色彩"善"的一种理解。服装色彩"善"的一面与流行时代也紧密相连，中国服饰史上，几次大的服装飞跃与变革，都涉及服装色彩的变化与改革。原始社会服装色彩简约实用；奴隶社会服装色彩等级分明；封建社会初期古朴庄重，中期豁达开明、清新自然，末期华美艳丽。独树一帜和东西结合，构成了服装色彩"善"的丰富多彩性。每一个时代的服装色彩的展现，都体现了该时代的人们对服装色彩"善"的追求（如图5-2）。

（a）盖娅传说："画壁·一眼千年"敦煌壁画元素主题秀　　　　　（b）由色彩传达的文化符号：张珂嘉设计师《穿在身上的文化》中国多民族服装服饰文化秀

图5-2　服装色彩的"善"

（三）如何体现服装色彩的"美"

服装色彩的"美"与服装的构成、设计、展示、销售等因素都有直接的关系，它强调的是服装色彩的艺术性和装饰性。服装色彩是"人为之物"，人既创造了不同的服装色彩，同时又被服装色彩所创造。色彩的象征意义和表现形式早已被设计师们津津乐道，但人们对服装色彩"美"的追求却在永无止境地延续，依靠着装者的审美需求，依靠各自对服装色彩的"通感"效应，去把握和运用服装色彩的"美"。要体现服装色彩的"美"，还要考虑到服装色彩与服装造型的依附关系。首先，服装色彩要有独特的风格，一般情况下，每一位设计师在选定色彩搭配方案时，总是从多个色彩搭配方案中筛选，根据认识需要进行取舍，在人的主观意识形态中，色彩越丰富越有表现感，好像只用很少的色彩系统很难表达出设计者的意图，但经过修订后，留下最有代表性的色彩，以保持与设计风格的协调性，这也是服装色彩少色性的一面。服装色彩的"美"还要符合社会文化的流行。流行色的推出，无非为服装色彩"美"的设计提供了参考和依据，服装色彩要符合社会流行的文化，才能真正体现出时代美。否则无论式样多么独特，都不能体现出流行的美。只有把服装色彩的风格与社会文化的流行充分结合起来美化人体，才能真正体现出服装色彩的"美"（如图5-3）。

（a）CHENG CHENG / 今日青年 / 梁冰琴　　　　　　（b）首届多彩贵州民族服饰设计大赛作品

图5-3　服装色彩"美"中的艺术性和装饰性

课堂互动

（一）利用中华传统文化，分析服装色彩"真、善、美"。

（二）如何体现服装色彩"真、善、美"？

任务小结　服装色彩"真、善、美"的和谐统一

在中华优秀传统文化中，百家争鸣、百花齐放。各种思想从不同的角度对"真""善""美"做了解读与推崇，这也是对积极向上的人生观、价值观、道德荣辱观的认同。

在服装色彩设计的过程中，设计师既要研究色彩的基本属性、流行色的运用，还要做充分的市场调研，使色彩的设计能满足消费者的需要，这也是对服装色彩"真"的理解。对服装色彩的人文内含、商业价值、价值趋向做科学的分析，从而满足消费者的实用要求，这是对服装色彩"善"的实施。利用各种造型因素、艺术潮流、时尚材料进行人文的设计来美化生活，这是对服装色彩"美"的追求。服装色彩"真、善、美"的体现，要结合社会美、自然美、艺术美的统一性来考虑。服装色彩的设计，体现了设计者的一种自由创造性，它是一种创造潜能的发挥，与"真、善、美"有着密切的关系，因为人的自由创造设计是在认识了服装色彩的规律性、客观性的基础上来实现的，这就离不开服装色彩的"真"。设计创造的目的是实现一定的服装色彩社会功利目的和满足设计中的进步要求，这也是服装色彩的"善"。通过一定的造型，色彩的组合与搭配，把设计构思变成了现实。可见，要实现服装色彩"真、善、美"的和谐统一，就必须要有纯洁的自由创造性（如图5-4）。

图5-4　古典美的色彩设计风格，体现了服装色彩"真、善、美"的和谐统一（中国风）

知识拓展　　**"真、善、美"**

对于真善美，应该根据它们的价值目的来进行定义。《价值事物的三种基本类型》一文指出，人类的有序化分为思维有序化、行为有序化和生理有序化三种基本类型，用于改变人类有序化过程的价值事物也相应地分为三种基本类型：思维性价值事物、行为性价值事物、生理性价值事物。

文学艺术中的真善美：

真，即艺术的真实性，指作品是否正确地反映了生活的本质，以及作者对所反映的生活有无正确的感受和认识。

善，即艺术的倾向性，也就是作品所描绘的形象对于社会具有什么意义和影响。

美，即艺术的完美性，指作品的形式与内容是否和谐统一，是否有艺术个性，是否有创新和发展。

真、善、美的含义并不是一成不变的，而是随着社会斗争和艺术实践的发展变化而发展变化的。

任务二 "以人为本"的服装色彩社会化和个性化因素

任务分析 服装色彩的社会化和个性化因素

（一）"以人为本"的服装色彩社会化因素

社会化因素是现代设计中必须要关注的内容，尤其是当今社会提倡构建和谐型的社会环境和人文环境。社会美包括社会实践的美和作为社会实践主体的人的美。社会因素包括了社会活动和环境两大类，服装色彩在社会活动中又扮演了重要的角色，例如，人们在各种大型的政治、经济和社交活动中，要选择一些与活动内容相关的服装色彩搭配，以便实现参与该活动的动机和目的。服装色彩的社会化因素主要体现在社会美的内容之中，当然，社会美也包括了社会事物、社会现象的美。社会事物是社会上宏观的美的追求，一个社会、一个时代的主流文化特征是服装色彩风向变化的依据；服装色彩在不同的社会背景下也曾出现了各种不同的文化追求和艺术思潮。

（二）"以人为本"的服装色彩个性化因素

如果说服装色彩的社会化因素体现了一种宏观的心理趋向的话，那么服装色彩的个性化因素则是一种微观的局部心理趋向。社会美直接体现了人的自由创造，通过自由创造，人们把自己对社会、大自然的感受真诚地表现出来，体现自己的个性特点。强调个性是现代服装设计的重要特征之一，服装色彩的设计也更趋于个性化，越来越多的消费者也开始穿着具有独特色彩的服装，用于区别于他人的风格和气质。不同性格、不同文化、不同风俗习惯的人对着装色彩的要求也不一致。即便是同一阶层的社会群体，也很难界定他们的着装风格。对于一个房间内的高中生或大学生，外人很难区分他们的着装色彩和色彩爱好，但他们自己却能很快地区分各自的服饰风格特点。每个人在社会上担当的角色不一致，着装的色彩风格也不一样。习惯了穿休闲装的男生，假如要西装革履，就会感觉不自在。每个人对色彩的偏爱不一样，也导致了色彩的个性体现。

相关知识与任务实施

（一）"以人为本"服装色彩社会化因素的体现

要体现服装色彩"以人为本"的社会化因素，首先要具有较直接、较明显的社会功利性和价值取向，主要指的是对服装色彩的感觉、评价、认识与信仰方式等。在日常生活中，各民族的服饰风格、社会审美意识都有很大的差异，表现在服装色彩上更为明显。阶级性和功利性是服装色彩社会化因素的两大特点。纵观中外服装史，不难发现，在阶级社会的社交活动中，服装色彩成了一种贵贱等级的象征。中国在奴隶社会时期，达官贵人与平民百姓等级不同，服装色彩的使用也等级分明。西周时期的"深衣"分有彩饰与无彩饰两种，秦朝的官服为黑色，甲衣有冷色系和暖色系。唐朝时期，文武官员的品官服饰色彩更有严格的等级区分，黄色是帝王的象征，红、紫色是达官贵人的象征（如图5-5）。

（a）战国时期深衣木俑

（b）阎立本《历代帝王图》中的帝王冕服
及随从官员朝服

（c）唐朝的《步辇图》中，不同人物的身份、气质、仪表、服装色彩在画面上都得到了恰当的反映

（d）古埃及服饰色彩

图5-5

（e）古罗马服饰色彩

图5-5　服装色彩的社会化

　　西方服装色彩的演变也是十分繁杂的。古代的宽衣时代，从古埃及白色的罗印克罗斯、古希腊的希顿和希马纯、古罗马的托加等，一直发展到中世纪拜占庭时期的达尔玛提卡、罗马式时代的布里奥、哥特式的希克拉斯服饰。紫色是王公贵族的专用色彩，红色则是圣母、圣父、圣子的宗教色彩，直到西方文艺复兴以后，服饰色彩才逐渐摆脱了宗教束缚。18世纪以后，经过资产阶级的工业革命，才实质性地结束了贵族色彩和宗教色彩的历史。西方服装色彩经过了各种艺术思潮、流派的洗礼，近世纪初期，以意大利、西班牙、荷兰为中心的窄衣服装色彩则以黑色为主。

（二）"以人为本"服装色彩个性化因素的体现

　　服装色彩的个性化表现为在历史的发展中不断地展示着自己的亮丽风采。如中国魏晋南北朝时期，整个社会呈现民族大融合的现象，当时的社会文化又受到佛学的影响，人们的意识形态对服饰风格和服装色彩的影响就很大，出现了"日月改异"而"所饰无常"的生活方式。男装主要以白色为主，文人在衣着和生活方式上讲究宽衣博带，具有明显的个性化特征。

　　在当今社会，服装色彩的个性化更是十分流行，特别是年轻一族，彰显着自己的审美理念。从20世纪60年代的"年轻风暴"开始，人们受着各种艺术思潮的影响，服装色彩的搭配也出现了空前的前卫和大胆。在服装语言的表达上，"年轻风暴"的着装色彩风格是希望唤起人们的注意，虽然奇特、另类的服饰受到社会、团体、家庭的抵制，但个性化的服装色彩风格却像磁石一样，吸引着众多的人去尝试、去体验（如图5-6）。

（a）顾恺之《洛神赋图》："魏晋风度"宽衣博带成为上至王公贵族下至平民百姓的流行服饰；
女子服饰则长裙曳地，大神翩翩，表现出优雅和飘逸的风格

（b）意树：三生，试图用色彩和纹样诠释中国传　　（c）JUST IN CASE：《西游记》"到此一游"街头
统文化的前世、今生和未来　　　　　　　文化与中国风元素的碰撞

图5-6 服装色彩的个性化

课堂互动

（一）如何界定服装色彩的社会化和个性化因素？

（二）如何体现"以人为本"的服装色彩的社会化和个性化因素？

在体现"以人为本"的服装色彩的社会化和个性化因素设计时，首先要了解中外服饰史上的典型案例，以典型案例的色彩运用引导现代的服装色彩设计。顺应时代主旋律，弘扬中国服饰文化，展现大国文化自信，凸显中国服饰色彩审美的新时代中国精神。

任务小结

无论社会如何变化和发展，在服装色彩社会化的进程中，人的因素是永恒的。作为社会实践主体的人的美包括内在的美和外在的美，外在的美涉及人的着装打扮、色彩搭配、言谈举止等，内在的美涉及人的思想、情感、意志品格等。在现代社会中，对于服装色彩社会化和个性化因素的研究已经不限于艺术和美学研究领域，也不仅仅是少数心理学家、艺术家的研究行为，随着数字化商品经济的不断发展，它也越来越受到服装商业界的高度关注。现代服装产业，面向智能制造、新媒体新运营等现代服装企业多元化需求模式，针对人工智能背景下服装产业信息数字化、业务网络化、技术智能化等对各岗位人才提出新的要求。人们日常的着装色彩对于提高城市与建筑的色彩规划水平、改善全社会的视觉环境都起到了重要的推动作用。

随着社会的向前发展，人类现代文明、人文思想的不断进步，个性化的服装色彩会理性化地穿插在流行的行列中，为展现特别的服装风格和理念、为世界各民族的传统服饰文化和时尚的现代设计增添亮色。

知识拓展

社会化的构成因素是众多且复杂的，主要有四个：政治因素、经济因素、文化因素、信

息因素。社会化的主要内容有：基本生活技能社会化、行为规范社会化、社会角色社会化、政治社会化、民族社会化。个性化因素被引入心理学领域后，表示个人相对稳定的心理特征的总和，表现为一个人适应环境时在能力、气质、性格、需要、动机、价值观等方面的整合，服装是能表达的且最为直接的媒介之一，当服装的大众化无法满足现在人们的各种需求时，则通过风格各异的服装搭配来彰显不同状况下的自我，服装的个性化设计必然是发展趋势。

任务三 服装色彩设计"以人为本"的内容

任务分析 **服装色彩"以人为本"内容的定位**

服装色彩设计"以人为本"的内容较宽泛，除了服装色彩的基本属性以外，服装市场的把握、目标客户群的需求、设计者与生产商的引导、服装面料与纹样的选定、"以人为本"的服饰色彩搭配等，都有着理性与感性的表达。

相关知识与任务实施

（一）目标客户群的需求

要建立"以人为本"的服装色彩环境，首先要认清目标客户群的色彩需求。"顾客是上帝"，各类工业产品的色彩设计师都要考虑到消费者的色彩视觉心理感受，在确定服装色彩时，设计师更需注意对不同性别、不同年龄、不同经济状况目标客户群信息的掌握，以便能更合理、更科学地设计服装产品。要实现对目标客户群的细分和定位，还要有效地了解和探讨服装市场的竞争状况，通过对市场的调查与分析，发现哪些服装市场已经趋于饱和，哪些服装市场还有待于开发。对于服装企业来讲，发现了销售水平较低的服装市场，也就发现了较多的市场销售机会。当然还要考虑到消费者的年龄、性别、职业、收入状况、受教育的程度等。

1.性别、年龄差异的体现

性别不同的人，表现出对服装色彩的不同偏爱。女性的着装色彩丰富程度远远超过男性，女性的着装可以千变万化，无论是款式、面料还是色彩，变换的节奏、频率都远远高于男装的变化。有很多女装品牌就把产品定位在这些目标客户上，尤其是白领女士，以便增长产品销售的额度。

年龄的差异造成人们对服装色彩的消费差距和色彩偏爱，6～8岁的儿童中，大部分男孩喜爱蓝色，大部分女孩喜爱粉红色，并没有人刻意地去引导他们，儿童自有他们的天性。18

世纪后半期，卢梭认为童年时期是一种自然状态，因而不能刻意去改变儿童，使他们成为小大人，主张尽可能地让孩子穿儿童室内服或宽松的服装，服装的色彩也要尽可能地自然。实际上，年龄的差异也能显示人们着装色彩的明显变化，年轻人试图穿着色调亮丽的服装，来表现他们的青春年华。青春期的男孩、女孩们，叛逆心理很重，追求时髦、另类和个性则成了这一年龄人群的时尚。中年时期，人们事业有成、家庭和睦，讲究服装的品位和着装的色调，根据不同的工作环境来选择风格不同的服装色彩，偶尔会用时髦的装扮来掩饰自己的实际年龄。中老年的着装色彩讲究实用和庄重性，但也不乏一些色彩艳丽的服饰。性别的差异导致了人们着装色彩的区别，可以用阳刚与阴柔来说明，阳刚的色彩多以深色调来表现成熟、传统、浓重、宽大等，阴柔则多表现为浅色调、稚嫩、妩媚、多姿等。男性服装色彩的设计，总是传达着身体和社会的优势，显示着男性特质和体格肌肉的力量，男装多用强烈的色彩和宽松的质料来扩张身躯。女性的服装色彩设计在暗示母性的一面，通常采用亮丽和火热的色彩来表现令人激动的活力、毅力和健康（如图5-7）。

（a）童装的色彩鲜艳而明亮

（b）巴拉巴拉（Balabala）童装的服装色调对比

图5-7

（c）千百惠女装　　　　　　　　　　（d）真维斯服饰

（e）Semir森马男士连帽羽绒服　　　　（f）361°男士运动装　　　　（g）报喜鸟男士休闲西装

图5-7　国产品牌服装色彩的性别、年龄差异

2.经济条件和消费观念定位的体现

品牌服装十分注重产品的价格定位。目标很明确，产品的消费对象就定位在某一个收入层面的客户群，充分考虑到他们的服装色彩消费能力和意识。在秋季，买一件黄色耀眼的外套，或许能掩盖冬季最低潮的沮丧心情，会使人们满怀希望，感到快乐。一般情况下，人们的着装风格和他对色彩的偏爱有直接的关系：喜欢现代风格的人，往往在着装上选择一些简约的色彩组合；喜欢传统风格的人，往往在着装上选择一些庄重、肃穆的色彩搭配。带来冲击力的还是一些色彩斑斓的云裳魅影，每个设计师都希望在服饰上进行大胆的谋划和色块的碰撞，将着装者的自信与活力通过色彩展示出来（如图5-8）。

图5-8　男装服装色彩的消费观念及定位

3.会员制目标客户群的建立

现代工业产品的营销网络无处不在，各种形式、各种内容的销售渠道，时时出现在我们面前。品牌服装的会员消费也成为一种实用、时尚的消费方式。把目标客户群的个人信息资料实行数据库管理，比如，消费者的年龄、性别、职业、身体条件（量体裁衣时所必须具备的数据、尺寸、肤色等）、业余爱好、色彩爱好、固定工资收入、年度服装消费预算等，把每个季度推出的服装色彩系列信息定期地传输给客户群，或者根据客户的需求、反馈信息，直接给客户量身定做。目前，这种消费方式在国内外都很流行，特别是高档的成衣定制，一些社会名流、演艺界名人，一般都采取这种消费方式，使自己的服装色彩与众不同，别出心裁。例如，红领服饰历时十几年精心打造，融合精湛的正装定制工艺与先进的现代化信息技术，依托全球多语言数字化服务系统的强大支撑，使RCMTM迅速发展成为全球男士正装定制领域的大型供应商平台（如图5-9）。

红领REDCOLLAR全球个性化私人定制潮领品牌，"让每一个人都能享受定制带来的专属时尚"是红领的追求

图5-9　国产品牌REDCOLLAR红领高级定制

（二）面料色彩与图案纹样的应用

确立好服装设计方案后，搜集和组织材料则是概念的具体化。如何选择适合产品定位的面辅料、色彩的准确把握值是多少、各种织物的色牢度怎样去确认、与面料商签署协议或合同时大货的面料色彩环保确认标准是什么都要提前计划。染色是染料和纤维发生物理或化学反应，使纺织材料着色的过程。直接性的染料染色方便，色谱齐全，但色牢度差，适合于棉织物。活性染料染色方便、均匀、色彩鲜艳、应用面广泛，多用在棉、麻、丝等天然织物上。服饰图案在中外服饰史上都有明显的体现。另外，服饰纹样的色彩要与服装的色彩保持一致，图案纹样是服装色彩的重要装饰内容，用得恰到好处，则起到画龙点睛的作用。织物图案纹样有色织、线织、割绒、植绒、烂花等工艺，使面料形成不同的肌理色彩效果。印花图案纹样按工艺分为直接印花、拔染印花等，按机械设备不同分为滚筒印花及平板式、圆筒式筛网印花等，但市场上运用最多的还是印花图案纹样，设计师可以根据服装的风格选择不同的图案纹样（如图5-10）。

（a）明朝时期补服、补子的色彩纹样运用

（b）花卉图案色彩的运用

（c）京剧脸谱图案色彩的运用

（d）中国水墨画味道的扎染颇具时尚的色彩效果

图5-10　面料色彩与图案纹样

（三）"以人为本"的服饰色彩搭配

服装有两种状态：静态和动态。如果只是把服装摆在一个固定的位置处于长期的静止状态（除了展览、陈列外），就失去了服装本源的意义，只有穿在人身上使服装呈现出动态才能体现它的实用功能和应用价值。所以，服饰色彩搭配的关键是"以人为本"。春夏秋冬四季轮回，大自然的季节更替使服装色彩四季分明。

春季型服装适合浅驼色、暖米色、中明度咖啡色、松石色、橙色、金棕色、黄绿、亮橘、杏桃色、象牙白等明度、饱和度高暖色系的服饰色彩，使着装者精神焕发、充满自信。

夏季型服装色彩适合冷色系的粉蓝、粉红、粉紫、粉蓝绿和带有烟灰感的蓝灰、灰蓝、灰绿、豆沙色、灰酒红等加灰的冷色调，使着装者更加沉稳、含蓄、浪漫。

秋季型服装色彩适合棕褐色、金橙色、苔绿色、砖红色、米白色、芥末绿、衫叶绿，或暖蓝色系的紫蓝、绿蓝、土耳其玉等加灰的暖色调，使着装者成熟稳重、举止典雅。

冬季型服装色彩适合正红、正蓝、正绿、正黄，桃红、酒红、鲜紫、宝蓝，纯黑、纯白、银灰、海军蓝、黑褐色等高饱和度冷色、低明度冷色、低纯高明冷色调，使着装者成熟稳重、纯粹、干练（如图5-11）。

（a）春季型服装色彩：明度、饱和度高的暖色

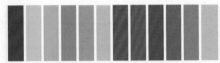

（b）夏季型服装色彩：加灰的冷色调

（c）秋季型服装色彩：加灰的暖色调

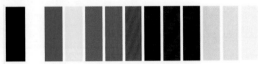

（d）冬季型服装色彩：黑白、高饱和度冷色、低明度冷色、低纯高明冷色

图5-11 季节与服饰色彩搭配

课堂互动

（一）服装色彩目标客户群的需求如何体现？

（二）试论述面料色彩与图案纹样应用的协调关系。

任务小结

　　服装色彩设计是服饰设计的重要环节，好的服装色彩设计可以通过色彩构图和布局的变化、色彩的对比和调和以及服装色彩的配色，使服装色彩从整体上达到和谐、统一的境界。

　　色彩首先要以人的形象为依据。因此，服装色彩设计必须因人而异、因款式而异。服装是流动的绘画，会随着人体的活动进入各种场所。所以，与环境色的协调也是服装色彩设计的重要环节。各种服装是依附于面料上的，当由面料做成的服装穿着于人体以后，服装色彩就从平面状态变成了立体状态。因此，进行色彩设计时，不仅要考虑色彩的平面效果，更应从立体效果的角度考虑穿着以后两侧及背面的色彩处理，并注意每个角度的视觉平衡。

知识拓展　色彩设计师、服装设计师、生产商的引导

　　国内外流行色机构推出的流行色预测是方向，每个产品的色彩设计师、服装设计师、生产商会根据这些流行信息来规划、设计其产品的色彩。要想做出明确的、战略性的决策，就需要把每个销售环节考虑周全，尤其是对服装色彩的研究，必须把人的因素放在首位，即我们经常提到的"5W"原则（who、why、when、where、what，即谁穿、为什么穿、什么时间穿、在哪儿穿、穿什么）。只有把这些因素充分考虑，才能有的放矢。决策者和生产商要把握好色彩的质量问题，要确保产品的设计色彩与成品色彩的准确性和一致性，样品色与大货色的一

致性，以便维持它原有的色彩品质。设计者、决策者要与各个环节的职员保持正确的、合理的沟通，还要拟定产品的设计色彩与成品色彩的误差值，把差值最小化（如图5-12）。

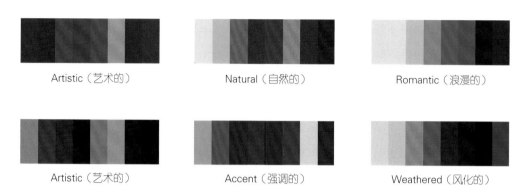

Artistic（艺术的）　　　　　　　Natural（自然的）　　　　　　　Romantic（浪漫的）

Artistic（艺术的）　　　　　　　Accent（强调的）　　　　　　　Weathered（风化的）

图5-12　冬季服饰色彩的搭配细化

色彩设计师、服装设计师、生产商只有把握好各个环节的工作，才能生产出色彩理想的产品。产品的推出还要靠广告、发布会、媒体的宣传，品牌的整体形象策划，来合理地引导消费（如图5-13）。

图5-13　中国国际时装周，金顶设计师张肇达用国风元素重现我国儒仕华服风采

教学与实践评价

项目训练目的：

通过对中华优秀传统文化中服装色彩"真、善、美"各项任务的实施，认知服装色彩"真、善、美"在服装设计中的重要性和本质性，并能灵活运用。

教学方式：

由教师结合传统国学讲解服装色彩"真、善、美"的含义，阐明服装色彩的社会化和个性化因素，运用服装品牌的实例来了解服装色彩"以人为本"的内容。

教学要求：

1.让学生掌握服装色彩"真、善、美"的含义，并学会如何体现服装色彩的"真、善、美"。

2.了解服装色彩不能仅从一般的色彩层面上考虑，只有把各种社会化、个性化因素进行再创造，才能把"以人为本"落到实处。

3.了解目标客户群的需求，了解色彩设计师、服装设计师、生产商对服装色彩的引导，了解面料色彩与图案纹样的关系。

4.教师组织进行课堂讨论，并对讨论结果予以总结和点评。

实训与练习：

1.运用本项目所学知识，通过查阅资料、市场调查，分析"以人为本"的服装色彩设计的相关因素，然后写出2500字左右的调查报告。

2.跟踪一个国内外的知名服饰品牌，研究它的目标客户群、色彩运用和变化情况，并列出它的面料色彩与图案的关系（要求图文并茂）。

项目六
服装色彩的设计
方法及应用

学习目标

1.知识目标：理解服装色彩形式美的内容，并能在实际的训练和操作中学会运用。

2.能力目标：掌握服装色彩的设计方法，学会服装色彩的主题情调设计方法、服装色彩的风格设计方法、服装色彩的系列设计方法。

3.素质目标：通过国产服饰品牌服装色彩设计的效果评估，掌握服装产品的色彩预案方法。

项目描述

服装色彩设计内容是很宽泛的，不仅要求我们掌握色彩的基础知识、色调组织能力、色彩的人文特征，更重要的是要深刻理解服装的含义和内容。服装造型、服装结构制图、服装工艺等都与色彩的表现有直接关系，否则，服装色彩的表现力就不存在。服装色彩的概念也是很宽泛的，不仅指一套服装的色彩，而且也指整个设计系列的设计色彩。单件服装的色彩给人的视觉冲击力远不如系列的色彩效果强烈，所以很多的时装发布会都是以系列的形式展示时装。只有全面地认知服装，才能在理论上形成一个完整的色彩体系，然后去指导实践，即进行服装色彩的市场化运作。市场化的运作方式是现代服装设计的首要内容，确立好一个产品的色彩方案以后，如何使产品实现预期的目标，国产品牌服装色彩设计效果自我评估的标准是什么，都是我们要学习和掌握的要点。

本项目重点任务有三项：任务一，服装色彩形式美的内容；任务二，服装色彩的设计方法；任务三，服装色彩设计的效果与评估。

任务一　服装色彩形式美的内容

任务分析　**服装色彩的形式美**

形式美法则为艺术设计的重要依据，无论在平面设计还是在立体构成中，都具有举足轻重的作用。同样，服装色彩的形式美法则也具有相同的原理与实施手段。将各种色彩排列组合，建立起服装色彩的形式美。

相关知识与任务实施

（一）服装色彩的面积与比例体现

主要指服装色彩整体与局部、局部与局部之间的数量关系，以及色彩的面积大小、色彩的组合、色彩的位置、色彩的秩序等相关因素。造型设计主张黄金分割比例，在服装色彩面积的比例中也同样讲究黄金比。面积的比例是事物的形式在数量上合乎一定规律的组合关系，面积与比例也是服装色彩设计中极为重要的一个方面。当然，面积与比例在服装设计中与造型因素紧密相联，它依附于造型上点、线、面、体的组合搭配。在时装画的创作中，还要将人体的比例夸张，以8个头高为标准，有的以8个半头高，甚至10个头高为标准。掌握好服装色彩的面积与比例搭配会使服装色彩更生动、活泼，富有装饰意味。服装色彩的面积与比例还要依附于人体的结构和特征：男装强调直线型的造型，服装色彩的面积与比例会显得硬朗和鲜明；女装强调曲线型的造型，服装色彩的面积与比例会显得柔和而顺滑。人体的上下身比例缺点有时也要靠色彩的搭配来弥补：上身长的人不宜穿亮色的上衣，上身短的人不宜穿暗色的上衣；腰线高的人不宜穿暗色的裤子或裙子，腰线低的人不宜穿亮色的裤子或裙子；胖的人不宜穿大面积的亮色，瘦的人不宜穿大面积的暗色。在服装色彩的运用过程中，同类色系往往会形成比例上的关系，互补色系往往会形成面积上的对比关系，形成的效果取决于服装色彩的设计需要（如图6-1）。

（二）服装色彩的对称与均衡体现

主要指服装色彩中相同或相似的形式因素所构成的整齐、左右对等关系，以及不同因素之间既对立又统一的关系，在视觉上给人一种平衡状态感，借以表现色彩的对称性和稳定性。在着装效果上，可以使人产生整齐、端正、庄重的感觉。德国科学家外尔在他的著作《对称》中指出："美和对称性紧密相联。""对称性，不管是按广义还是狭义来定义其含义，总是一种多少时代以来人们试图用以领悟和创造秩序、完美和完善性的观念。"实际上，人们对服装色彩对称性的运用已经由来已久，古今中外，对称的服装色彩也成了肃穆和威严的象征，这在中西服装史上都以相同的形式出现。但今天的服装色彩运用，已经打破了往日的束缚，在

图6-1 服装色彩的面积与比例

现代的服装设计中，对称的色彩搭配时时出现在人们的日常生活中，如中式服装的左右对称、制服的左右对称等。服装色彩的均衡主要是色彩的形式因素在组合时所具有的一致、对等、照应等关系。色彩的一致性与非一致性相结合，差异闯进这种单纯的同一里来破坏它，于是就产生了平衡对称。这些差异还要以一致的方式结合起来，这种把彼此不一致的定性结合为一致的形式也能产生平衡对称。例如，一件并不是左右对称的服装，由于按照一定面积比例进行搭配，在视觉上也能给人以均衡感。随着服装结构的变化，不同的服装色彩也有对称均衡、重力均衡、运动均衡、照应均衡之分。对它们的设计和运用要根据不同的需要和着装目的而选择，穿一件对称均衡的服装和一件运动均衡的服装的效果是大不一样的，其有时也会影响人的情绪，甚至引起旁观者的评价和争议。所以，在日常生活和色彩的设计运用中我们要注意服装色彩的对称与均衡，以达到色彩的协调，尤其对于设计人员来讲，更为重要（如图6-2）。

（a）服装色彩的对称性

图6-2

（b）DISINAM.LING 2023SS以木槿花为灵感，延展出黑白图腾色彩的均衡运用

图6-2　服装色彩的对称与均衡

（三）服装色彩的节奏与韵律体现

节奏和韵律原本是音乐术语。服装色彩的节奏是指相同的色彩元素有规律地重复而形成的美的运动形式规律。服装色彩的韵律是在节奏的基础上产生的，节奏的抑扬顿挫与强弱变化产生了韵律，服装色彩的韵律能影响人的情绪。节奏和韵律在艺术设计中也是常用的形式美的规律，服装的色彩在同一件服装中或同一系列中反复出现，就能产生节奏感，它经常出现在连衣裙、百褶裙上。服装上运用的装饰线、服饰配件的色彩反复出现而形成的规律性、秩序性、条理性，在视觉上就给人以明显的节奏感，使服装产生活跃、跳动、活力的穿着效果。韵律是在节奏的基础上产生和发展起来的，节奏秩序性的变化、线条和面料色块的高低起伏、装饰物有规律地反复出现便能产生韵律。在服装造型上，节奏与韵律多出现在领口、肩部、胸部、腰部、底摆处等，服装色彩的变化也随之产生节奏和韵律之美。服装色彩的节奏也是随着款式的变化而变化的，它的形式也有很多，有渐变的、反复出现的，或者是多种元素同时有规律地出现的，采用的形式主要是根据设计的需要和风格的特点而选择的。实际上，服装色彩的节奏与韵律的设计灵感，可以从大自然中汲取和提炼，如植物的自然层次性、动物的天然色彩美、瀑布的水流节奏、河流的弯转迂回、山峦的起伏变化、云朵的疏密穿插等。这些特点可以运用到不同的造型设计上，特别是在服装的系列设计中，学会运用表现节奏和韵律的特征，掌握它们的抑扬顿挫和强弱变化，会更能帮助我们拓宽色彩的设计领域和视野。总之，色彩的节奏和韵律在现代的服装设计中是至关重要的，在运用时不要千篇一律，要有变化性和适宜性，从而产生丰富的表现效果（如图6-3）。

图6-3　服装色彩节奏和韵律的运用

（四）服装色彩的间隔与呼应体现

服装色彩的间隔是指在两种颜色之间加入另一种色彩，使原来的配色分离，以减弱色彩的明度、纯度和色相对比，起到调和的作用。服装色彩的呼应主要指色彩各要素在服装造型中以大小不同的面积而重复出现、一呼一应，是色彩之间的相互照应。服装色彩的间隔与呼应，多用在春秋装和夏装的变化中，如春秋装的外套色彩纹样多出现一组或几组的间隔变化，使色彩富有节奏感。在某种程度上，间隔与呼应有规律、有秩序地反复出现就能产生节奏和韵律。特别是在夏季，运动休闲风格的青年服装，多出现彩条的间隔与呼应；彩条的形式也有很多，如窄条与窄条的色彩间隔、窄条与宽条的色彩间隔、宽条与宽条的色彩间隔等，使着装者显得朝气蓬勃、充满阳光。当然，服装色彩的间隔主要是用来减弱色彩的强弱对比，起到调和的作用。服装色彩的呼应也多出现在同一系列服装或同一件服装中，色彩的呼应一般不受面积、位置、大小的影响和制约。在某种程度上，服装色彩的呼应带有一定的随意性和自由性，当然也要考虑到色彩的均衡感，否则会产生重心的偏差。在现代时装设计中，服装色彩的呼应是最常见的装饰手法，无论是对称与非对称的形式、面料的轻重厚薄，还是肌理效果的突兀与平滑，都能看到服装色彩的呼应。呼应的效果使色彩的变化更加丰富和饱满，减少了色彩出现的突然性和盲目性，有利于服装的系列设计和组合（如图6-4）。

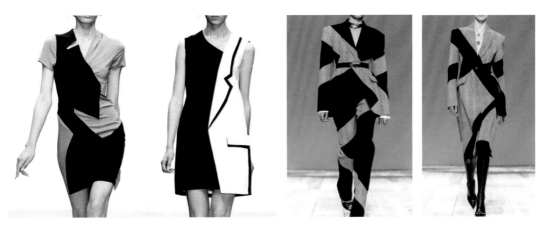

（a）服装色彩的间隔运用

图6-4

（b）服装色彩的呼应运用

图6-4　服装色彩的间隔与呼应

（五）服装色彩的多样统一性体现

　　服装色彩的多样统一性是指色彩因素按照一定的组合关系（面积与比例、对称与均衡、节奏与韵律、呼应与间隔）所形成的一种和谐的、整体的规律和一致性。实际上服装色彩的多样统一性是各种形式要素的综合运用，在进行服装色彩的设计时，我们不可能只用单一的形式去设计，只有把多种形式充分考虑，才能有的放矢，取得最佳设计效果。服装色彩的表现形式要成为具体的、可感的实体，就必须要多样统一，把不同的色彩要素与服装的造型结合，并与面料的肌理效果相搭配，才能设计出不同风格的服装色彩。古今中外，服装色彩的搭配方式就包含一种多样统一的整体观、和谐观，无论是服装色彩的面积与比例、对称与均衡、节奏与韵律、呼应与间隔中的哪一种规律，都必须在这种多样统一中发挥各自的作用，以便形成和谐统一的整体效果，发挥各自形式美的构成功能和作用（如图6-5）。

图6-5　清华大学美术学院李薇服装设计作品

课堂互动

（一）服装色彩形式美的内容有哪些？如何表现？

（二）试分析服装色彩的多样统一性并举一个品牌服饰的产品组合实例。

任务小结

从各项服装色彩的任务实施来看，不同的服饰材料形成不同的色彩效果；服装的色彩只有与环境的色彩、气氛有机地结合起来，才能给人强烈的美感；色彩的情感效应与人的联想有关；色彩的情感效应对表现服装的风格、创造意境有着重要的意义；不同地区、不同国家有不同的文化，不同的文化有着不同的审美，不同的审美就有不同的习惯，有不同的服装色彩设计。

知识拓展

形式美法则是人类在创造美的形式、美的过程中对美的形式规律的经验总结和抽象概括。其主要包括：对称均衡、单纯齐一、调和对比、比例、节奏韵律和多样统一等。研究、探索形式美的法则，能够培养人们对形式美的敏感，指导人们更好地去创造美的事物。掌握形式美的法则，能够使人们更自觉地运用形式美的法则表现美的内容，达到美的形式与美的内容的高度统一。

运用形式美的法则进行创造时，首先要透彻领会不同形式美法则的特定表现功能和审美意义，明确预期的形式效果，之后再根据需要正确选择适用的形式美法则，从而构成适合需要的形式美。形式美的法则不是凝固不变的，随着美的事物的发展，形式美的法则也在不断发展，因此，在美的创造中，既要遵循形式美的法则，又不能犯教条主义的错误，生搬硬套某一种形式美法则，而要根据内容的不同，灵活运用形式美法则，在形式美中体现创造性特点。

任务二　服装色彩的设计方法

任务分析　服装色彩的设计方法

　　服装色彩的设计方法种类繁多，有主题情调设计方法、风格设计方法、系列设计方法等。但无论采取哪一种方法，都是为了加强服装色彩的表现力与应用性，让色彩的生命力，在服装设计、生产、销售、消费过程中最大限度地发挥、显现出来，从而使色彩成为提高服装外观质量和增强服装在国内外市场上竞争力的有效手段。

相关知识与任务分析

（一）服装色彩的主题情调设计方法

　　服装色彩的主题情调设计就是首先确立一个明确的主题思想，然后围绕服装的构成去设计和确定服装的色彩情调，从而更加突出主题。表面看来，主题情调的服装色彩设计似乎有很大的束缚性，往往使人用定式的思维方法去思考问题。但从另一个方面来讲，它有更深层次的色彩追求，更能促使设计者挖掘出同一主题下的色彩价值，使相同或相近的色彩元素更加明细化。例如，以蓝色为基调的海洋色彩系列设计，以绿色为基调的森林色彩系列设计，以白色为基调的冰川雪地色彩系列设计等（如图6-6）。

（a）"盖娅传说·熊英（Heaven Gaia）"发布会主题"乾坤·沧渊"

（b）以"青花瓷"为主题的系列服装设计作品

图6-6　服装色彩的主题情调设计

（二）服装色彩的风格设计方法

服装设计的生命在于创造。科技的进步，新材料、新工艺的出现，新文化思潮、新艺术流派的产生，对服装的影响与日俱增。服装极具流行性和时代性，纵观中外服装史不难看出，不同风格的服饰在历史上光彩熠熠。无论是时代特色、社会面貌、民族传统，还是材料、技术的功能性与艺术性的结合，近现代的服装设计大师用不同的设计风格进行着色彩诠释。传统的高贵、田园的恬静、前卫的大胆，各自彰显着自己的审美理念。风格的实现除了继承传统的民族服饰文化以外，还要与国际市场运作方式接轨，把本民族的优秀服饰传统文化运用到现代的服装设计中。我们在欣赏国际服装设计大师的时装秀或时装发布会时，会被设计大师们的设计风格所感染和折服。当然，我们在今后的设计过程中，要逐渐去寻找和探求一个品牌服饰的风格和市场定位，然后去确定自己的设计风格和设计定位。

1.传统风格

传统风格来自"自上而下"的历史传承，严肃庄重、典雅高贵，多出现在隆重的社交场合，常见的服装款式有礼服、男女西装、中山服、旗袍等。服装色彩主要有黑色、白色、灰色、红色、黄色、蓝色、粉色系列和一些中明度的调和色等，但更多的是它们之间的搭配组合。每一个地域、每一个国家由于传统文化的差异，所表现出的传统风格也不一样，但对于一些色彩的理解在实际的运用上也有相同的认识。以黑色为例，黑色在服装色彩中是实用性最强的色彩，具有神秘、庄重的特点，与白色搭配，不受时间、地点、年龄的限制；黑白搭配是传统的经典组合，给人一种难言的经典之感。黑色可以和任何的有彩色和无彩色搭配，形成千变万化的色彩效果。无论是在隆重的社交场合还是在休闲的运动场合，我们都能发现黑色服饰的踪影，它似乎遍及服饰的各个角落。色彩灵感来自古代服装、民族服饰、古代建筑、传统民俗文化、历史事件、经典艺术作品等（如图6-7）。

（a）具有传统色彩风格的服装设计

（b）BBLLUUEE时尚运用印染、刺绣、流苏等中式元素展示东方之美

图6-7　服装色彩的传统风格

2.时尚前卫风格

时尚前卫风格运用大胆、怪异、奇特的色彩装束来表现自己，借以显示自己的与众不同。自从20世纪60年代至今，时尚前卫风格的服饰色彩一直是年轻人的最爱。在服装款式方面，多出现宽松式和紧身式的两个极端，蝙蝠衫、T恤、牛仔装、夹克衫是常见的基本款式。服装色彩多为黑色、紫色等明度低的色彩，有时点缀亮色、纯色，以显示着装者潇洒、放荡不羁、个性的超俗。色彩灵感来自中外服装史上不同时代的服饰变革、服装的色彩飞跃，近现代艺术流派的纷争，特别是后现代主义的影响，以及都市文化和街头时装的个性张扬（如图6-8）。

3.乡村田园风格

"采菊东篱下，悠然见南山"，陶渊明的传世佳句，开辟了乡村田园风格的先河。从此以后，人们便开始追求悠然、舒适的田园农耕生活。传统的色彩图案纹样、棉麻制品的服饰，更是现代都市人的追求。人们在节假日外出郊游，尽情享受乡村田园的风光色彩。服装款式多为女式的连衣裙、小礼服、衬衫、七分裤等，男式的T恤、衬衫、外套、毛衫、休闲裤等。色彩多为自然花卉的天然色、赭灰色、驼色、蓝灰色等。色彩灵感来自中国古诗词中田园式的恬静，云南、贵州的染缬艺术等（如图6-9）。

（a）街头风格引领时尚潮流

（b）服饰设计与化装舞会相结合，体现设计者独具匠心的设计风格

图6-8 时尚前卫的服装色彩风格

图6-9 MORELINE（沐蘭）乡村田园风格服饰色彩

4.休闲运动风格

现代人的生活节奏快，工作压力大，为摆脱单一、严肃的服装款式和单调沉闷的色彩，人们追求一种线条流畅、款式简约、色彩丰富、讲究细节变化、轻松、和谐的着装效果，休闲与运动相结合，时尚与健康相结合。款式多为休闲装与运动装的中和设计，常见的外套、毛衫、套头衫、直筒裤等都受到年轻人的钟爱。尤其是在中老年服饰中，休闲运动的服饰风格更为常见，色彩丰富多变，纯色与素雅色并存，注重色彩的细节设计和点缀，例如，粉红色、淡青莲色、米黄色、橄榄绿色、钻蓝色、深驼色、蓝灰色等（如图6-10）。

（a）国潮运动品牌LI-NING李宁的各种创新设计，亮相2018年秋冬纽约时装周

（b）国潮运动品牌安踏虚拟时装走秀亮相SS23中国国际时装周

图6-10　休闲运动风格系列

5.职业工装风格

现代社会经济的快速发展，更需要人们在工作环境中穿着统一的服装来显示企业的团队精神、CI文化、企业的实力和国际竞争性。职业工装的风格主要考虑职业的特点、工作的性质、业务和产品的对象等因素。色彩的鲜灰、明暗会增加或减少工作者的疲劳感、单调感。例如，医疗行业工装多以浅粉色、白色为主，餐饮业工装多以高明度、高纯度的暖色为基调，企业、工厂、学校工装多以蓝色为主等。在款式方面多为西/便装式、夹克式、运动装式等，特点是合体、活动方便。职业工装的常用色彩有黑色、蓝色、藏青色、钻蓝色、淡蓝色、绛红色、深绿色、深驼色、浅灰色、米黄色、深棕色等。色彩灵感来自现代工业环保色（如图6-11）。

（a）"赢智尚杯"职场第一套女装设计大赛作品　　　（b）工作性质与职业工装的色彩有紧密的联系

图6-11　职业工装风格系列

（三）服装色彩的系列设计方法

按照服装设计的系列分类方法，服装色彩的系列设计方法也分为小系列、中系列、大系列。一般情况下，小系列为3～5套、中系列为6～8套、大系列为9套以上。服装色彩的系列设计，主要是受设计的内容和形式、展示的环境、制作的条件等因素制约。至于是设计小系列、中系列还是大系列的服装色彩，要根据设计主题、设计风格、产品的规划数量、产品展示的规模和空间来进行合理的搭配和安排。系列时装的色彩设计按奇数和偶数可分为三、五、七、九套，四、六、八、十套等组合，数量上可根据需要依此类推。形式上可分为并列式、主从式、混合式等，一般情况下，风格设计的服装色彩并列式的形式多，主题式的主从式多，情调式的混合式多。在设计服装时按照不同的主题，采取不同的色彩系列，注意色彩整体与整体、整体与局部、局部与局部的处理关系，各系列色彩之间的相互关联等。服装色彩也可以按照色彩的变化规律、色彩的情调因素与自然色调来进行系列设计（如图6-12）。

（a）吴海燕获首届中国国际青年服装设计师大赛唯一金奖的作品《鼎盛时代》

图6-12

（b）吴海燕设计作品《东方丝国》

图6-12　服装色彩的系列设计

1.按服装色彩的变化规律进行系列设计

色彩的色相、明度、纯度的变化，也决定了服装色彩的变化规律。服装色彩不同色相、不同明度、不同纯度的色彩搭配，类似色、近似色、对比色的调和搭配，利用色彩的渐变、反复、点缀、强调等手法，最大限度地利用每个理念，采取横向思维的方式，以实现服装色彩的系列设计。

（1）按色彩的属性设计　按色彩属性的内容可分为无彩色系和有彩色系。无彩色系主要是黑、白、灰色，以及由它们所分解成的各明度的无彩色系列。有彩色系主要是红色系列、黄色系列、蓝色系列、绿色系列、紫色系列、粉色系列等。有彩色系列的色彩搭配十分丰富多彩，每一个色彩的同类色系、近似色系、邻近色系、对比色系更加丰富了服装色彩的多元化组合（如图6-13）。

图6-13　无彩色系（下）和有彩色系（上）

① 无彩色系　无彩色系是指黑、白、灰三色，无彩色中明度最高的是白色，最暗的是黑色。它们既相互矛盾又相互统一，传统又现代、单纯而简洁、肃穆而高雅，黑、白、灰三色是服装色彩中的永恒色。

黑色是一种母色，它在服装色彩中是实用性最强的色彩，具有优雅、奥妙、高贵、神秘、奇异的力量，可以和任何一种色彩进行搭配。如黑色的晚礼服、西装、休闲外套都能显示出着装者的优雅气质和高雅风度，在传统风格和都市风格中营造了神秘莫测的色彩效果，既是一种传统的色彩，又是经典的时尚元素。黑色可以与无彩色和有彩色中的任一色彩搭配，显示了它的包容性，创造出丰富多彩的色彩情调。黑色与清淡色彩搭配形成对比，显示了着装者清爽的气质；黑色与色彩鲜明的色彩搭配，显示了朝气蓬勃的风采；黑色与中间调的灰色搭配，则显示了朴素、雅致、成熟之美（如图6-14）。

（a）设计师邢永"YOUG X"高级时装定制以灰黑色调为主　　　　（b）黑色礼服设计

图6-14　黑色能显示着装者优雅各异的气质

　　白色由全部可见光均匀混合而成，习惯上称为全色光，是纯洁、天真、神圣、高贵的象征，它和任何一种色彩搭配都会给人清洁之感。白色与黑灰色搭配，显示了一种神圣、单纯、忧伤的情调，高高在上、难以接近。例如，在隆重的场合穿一身白色的礼服，或许是"希望在单调的生命中，营造一次不可思议和逃避的浪漫时刻"，又是对纯洁、神圣的美好生活的向往。对白色的利用由来已久，在我国的传统运用中，白色被视为哀悼的色彩，但在魏晋时期的男子服饰中，衫与袍的色彩多用白色，喜庆婚礼也多用白色。《东宫旧事》记载："太子纳妃，有白縠、白纱、白绢衫，并紫结樱。"可见，白色的服装不仅作为常服，而且也作为礼服。我国少数民族中把白色作为习惯用色的也很多，如回族、朝鲜族、保安族、彝族、傣族等。在西方国家，白色也是新娘礼服的色彩，象征纯洁和对爱情的坚贞。在服装色彩的设计和运用中，白色和淡雅、鲜亮的色彩搭配，显示了着装者青春健康、艳丽动人、清纯无瑕的魅力，白色与深灰色调的色彩搭配，显示了着装者的时髦、浪漫、冷静（如图6-15）。

　　灰色是一种素朴之色，具有谨慎、神秘之感，在服装色彩中可以和任一色彩搭配，形成浪漫的气息。灰色向白色过渡是亮灰色，灰色向黑色过渡则是暗灰色。灰色和有彩色系进行组合搭配时，灰色对有彩色会起到烘托的作用，既强调了所选用面料的肌理和质感效果，又使有色面料别有情趣。灰色与淡雅色彩搭配，显示着装者的清洁感；灰色与鲜亮色彩组合，则突出了色彩的饱和度；灰色与低明度的色彩配合，则显示出着装者谨慎、朴素、宁静、端庄大方的成熟气度（如图6-16）。

（a）彝绣非遗传承人、原创独立设计师阿牛阿呷　　　（b）设计师魏新坤（Wesley Wei）设计作品"初雪恋歌"
　　　设计作品"白云间"

图6-15　白色是纯洁、天真、神圣、高贵的象征

图6-16　灰色显示着装者神秘和浪漫的气息

②有彩色系　有彩色系主要是红色、黄色、蓝色、绿色、紫色、粉色系列等。不同明度和纯度的红、黄、蓝、绿、紫、粉等色调都属于有彩色系。有彩色是由光的波长和振幅决定的，波长决定色相，振幅决定色调（如图6-17）。

红色代表了热情、渴望、开朗、速度、喜庆、能量的色彩情感。在服装色彩的表达上，红色与无彩色搭配显示了一种运动效果，如红白、红黑相间搭配的运动装显示出男装的阳刚和帅气。红色与灰色调的色彩搭配，表现出沉稳持重、端庄恬静的凝重之感。红色与色彩鲜明的色彩搭配，显示出女装的青春活力（如图6-18）。

黄色代表了欢乐、想象、希望、幸福、阳光的色彩情感。黄色系列的明度和艳度是所有色彩中最高的，在服装色彩的表现上给人以明快、活泼、飘逸、华美之感。它可与许多色彩搭配，与黑、灰色搭配显得凝重而时髦，与白色搭配则清心明亮，与有彩色搭配则显示了恬静、秀丽、明快、活泼和富有生命力（如图6-19）。

图6-17　刘清扬–CHICTOPIA春夏系列&qu的色彩碰撞

图6-18　红色系列

图6-19　黄色系列

　　蓝色使人联想到天空和海洋，具有和谐、稳定、自信、正直、冷静的风格。在服装色彩上会表现出着装者健康向上、充满活力、自信的效果。蓝色又是环保色，很受现代人的喜爱。蓝色与黑灰色搭配，显得着装者严肃、自信、冷静，充满职业气息。蓝色与白色混合，会缓和蓝色的活力，显得色彩更加和谐。蓝色与艳丽的色彩搭配，显示出活泼、健康、旺盛的生命力。蓝色与粉色系组合，显示出时尚、梦幻的着装效果（如图6-20）。

图6-20　蓝色系列

　　绿色使人联想到森林、草坪，具有沉着、冷静、聪慧的风格，使人们的视觉有种舒适感，是一种柔顺、温和、饱满的色彩，但绿色与黑、灰色搭配又有庄重、生硬、冷漠的一面，能表现着装者坚强的意志品格。绿色与白色组合显得明快、洒脱。绿色与亮色调的色彩或粉色搭配，显示出纯净靓丽、温文尔雅、潇洒大度的休闲风格（如图6-21）。

图6-21　绿色系列

　　紫色在有彩色系里明度最低，在色彩搭配时一定要注意调和与对比。紫色有庄严、华丽、神秘的一面。紫色与黑、灰色搭配，则显得紫色更加苦涩、忧郁，但又有一种神圣和高贵的气质；紫色与白色混合显得肃穆清亮、雅而不俗；紫色与有彩色系搭配，往往会更加突出有彩色的特点，形成华丽、冷艳、妩媚、神秘的着装效果；紫色与明度高的色彩搭配，具有优雅、浪漫、甜美、轻盈、飘逸的女性感（如图6-22）。

图6-22　紫色系列

　　粉色系列具有柔和、浪漫、温暖、清纯的气息，多出现在春秋两季的青少年服饰中，显示青春的艳丽多姿，让人追忆起少年时光。粉红色与黑、灰色搭配，显示一种成熟、健康、精力充沛的形象；与白色组合，则显示出干净利落、平易近人的效果；与有彩色混合，在春

夏秋冬不同的季节，可以搭配出款款风情，都能够找到流行的装束，不受拘束，随意而舒适（如图6-23）。

图6-23 粉色系列

（2）按色彩的调和进行配色 所谓色彩的调和，就是按照色彩近似的性质、特点，把有差别的、对比的、不协调的色彩关系，按照色彩设计的形式美法则经过搭配整理、组合、安排，使整个的色调和谐、稳定和统一，这在服装色彩的设计中尤为重要。

① 色相的对比调和与配色 用不同色相的色彩调和对比，会使服装的色彩效果丰富多彩、绚烂多姿。从色相上来分，色彩的对比调和主要是有彩色系和无彩色系的配色关系。无彩色系和无彩色系的配色、无彩色系和有彩色系的配色、有彩色系和有彩色系的配色是中心内容。

a.无彩色系和无彩色系的配色 无彩色系之间的配色主要是黑、白、灰的配色关系，调和起来比较容易，除了利用它们不同的色彩含义、象征意义之外，还要利用服装色彩的形式美规律来进行配色，掌握好黑、白、灰明度和距离上的区别，以取得所要营造的色彩效果（如图6-24）。

图6-24 无彩色系与无彩色系的配色

b.无彩色系和有彩色系的配色 无彩色系和有彩色系的配色是设计中常用的方法，黑、白、灰可以和任一有彩色进行调和，以表现不同的着装理念。无彩色系在现代设计中运用得非常广泛，尤其是与有彩色系进行搭配组合时，它能起到稳重、协调色彩的功能和作用。有彩色的色彩组合如果搭配不协调，就会产生轻浮和浮躁感，所以无彩色就起到了调和的作用。但要注意明度、比例的运用，达到色调一致（如图6-25）。

图6-25　有彩色系与无彩色系的搭配

　　c.有彩色系和有彩色系的配色　有彩色与有彩色的配色是服装色彩搭配中常用的方法，利用不同的色块组合表现不同的服饰效果，在春、夏季节的搭配最多。有彩色与有彩色搭配时，要注意到色彩的整体效果，明确主色、辅色、点缀色的主从关系。一组色彩搭配中，如果需要无彩色占的比重大，就要考虑到无彩色的特点和性能，以及无彩色带给人的视觉效果；如果需要有彩色占的比重大，就要考虑到有彩色的特点和性能。对一种色调的把握往往是依靠多种色彩的融合、协调来取得最终整体效果的，特别是有彩色系和有彩色系的配色，有时受到服饰习惯、地域特色等因素的影响（如图6-26）。

（a）波普艺术系列色彩，每一条裙子由二至四个单色块构成，爱心、月亮、太阳、脸庞和身体等图案成为裙子上的点睛之笔

（b）蒙德里安《黄、红、蓝的构成》与Yves Saint Laurent的服装设计

图6-26　有彩色系与有彩色系的搭配

　　② 明度的对比调和与配色　色彩的明暗程度对着装效果的影响是很大的，各种有色物体由于它们反射光量的区别而产生颜色的明暗强弱。服装色彩的明度是指服装色彩的明暗程度。

某个颜色中加入白色，会使色彩的明度提高；某个颜色中加入黑色，会使色彩的明度降低。不同明度的色彩搭配，主要有相同明度色彩的配色、近似明度色彩的配色、高低明度色彩的配色等。

a.相同明度色彩的配色　相同明度的色彩容易产生和谐的效果，有时虽然色相不一致，但色相不同而明度相同的色彩也能给人带来视觉上的柔和感。但也要注意，明度相同容易产生模糊感，距离拉不开，没有重量感等，容易形成视觉疲劳。高明度的色调搭配明快、亮丽，中明度的色调搭配柔和，低明度的色调搭配稳重、深沉、典雅（如图6-27）。

图6-27　相同明度色彩的配色（张肇达礼服设计作品）

b.近似明度色彩的配色　近似明度色彩的搭配是很常见的，由于明度上稍有区别，色彩的深浅变化要比相同明度的色彩调和更容易，服饰配件的色彩也更随意。近似明度色彩的配色可以是多样化的，同类色的、近似色的、对比色的等都可以进行组合搭配，根据设计的需要和目的而选择不同的组合。实际上，近似明度的色彩非常丰富多彩，色调的组合与调和也更加多样化。很多设计师常用到近似明度的色彩搭配以便充实各自的系列设计，提高自己品牌产品的色彩丰富性。所以，近似明度色彩的配色也是我们应该掌握的一种色彩搭配方法（如图6-28）。

图6-28　近似明度色彩的配色（张肇达国风元素设计）

　　c.高低明度色彩的配色　高低明度色彩的配色特别受人们的青睐。高明度的上衣配低明度的裤子或裙子，使人看起来修长、挺拔；低明度的上衣配高明度的裤子、裙子，更具有时尚、前卫、浪漫、不拘一格的着装风采。高低明度色彩的配色要注意色彩的互补性和面积、比例的关系。高低明度互补性的色彩搭配要注意色彩的纯度关系，明度上的差异往往会加大纯度差异，所以应该尽量减少纯度上的差异。面积和比例关系也是高低明度色彩配色需要注意的重要环节，色彩面积大小、比例的合理安排，同样也是高低明度色彩配色的关键：高明度色彩的面积和比例大，会形成亮色调；低明度色彩的面积和比例大，会形成暗色调（如图6-29）。

图6-29　高低明度色彩的配色

　　③ 纯度的对比调和与配色　服装色彩的纯度是指服装色彩的鲜艳程度、饱和程度。任何一个颜色，不加入黑、白、灰，它的彩度是最高的，称为纯色。而如果给有彩色类的任何一个色彩加入黑色、白色或灰色，都会使该色彩的彩度降低。一个颜色中所含有色成分的比例愈大，色彩愈纯；比例愈小，则色彩的纯度也愈小。所以在进行服装色彩的搭配时要分清色彩的不同纯度，使颜色和谐。服装色彩纯度的对比调和与配色主要有相同纯度色彩的配色、近似纯度色彩的配色、高低纯度色彩的配色等。

　　a.相同纯度色彩的配色　相同纯度的色彩配色更容易取得色彩上的系列感，但容易产生层次感不强、色彩的距离感不清、力量感不强等后果。所以相同纯度的色彩配色要注意色彩的冷暖变化、力量对比、比例大小的搭配（如图6-30）。

图6-30　相同纯度色彩的配色（"乾坤·碧落"主题设计，盖娅传说·熊英）

b.近似纯度色彩的配色　近似纯度色彩的配色也容易取得柔和的效果，使着装者落落大方、端庄典雅、富有韵味，是职业女性上班着装的理想选择。近似纯度色彩的上下装，配上深色的腰饰或手提袋，可以显示职业女性的干练与精明。在运用近似纯度色彩配色时，要注意色彩的色相和明度；不同的色相使用近似色彩的纯度，也要分清主色、辅色和点缀色。一套灰色调的近似纯度的上下装，点缀一条色彩明亮的丝巾会让人看起来更加稳重与时尚。但近似纯度色彩的配色也要考虑着装者的肤色、身高、胖瘦等身体条件。肤色白的人，可以更多、更容易地适应近似纯度色彩的服饰搭配；肤色黑的人，在使用近似纯度色彩的服饰配色时，则要谨慎从事，否则会显得肤色黑黄。近似纯度色彩的服饰配色也要充分考虑身材的高矮胖瘦，尽量扬长避短（如图6-31）。

图6-31　近似纯度色彩的配色

c.高低纯度色彩的配色　高低纯度色彩的配色效果强烈，色彩对比明显，显示出高雅、华丽的着装效果。但高低纯度色彩的配色要考虑到着装的环境和用途，由于它给人带来的视觉效果很刺激，如果搭配不合理，会产生滑稽、不和谐，甚至丑陋的视觉效果。马戏团的丑角，往往会穿着色彩纯度对比很高的服装，以引起观众的注意和喝彩。合理的高低纯度色彩搭配，会产生令人意想不到的色彩效果。很多设计师在日常的设计中就十分注意色彩的纯度对比，尤其是高级成衣的设计，运用的色彩对比更加大胆和鲜明。高低纯度色彩的配色，还要注意色彩的面积和比例搭配，不同的面积和比例也会形成不同的着装效果（如图6-32）。

2.按色彩的自然色调进行系列设计

色彩的自然色调实际上是色彩的自然状态，色彩的天然性是自然色调的最大特征。大自然的色彩是无穷尽的，只有充分把握色彩的色调因素与自然色调，才能设计出更好的服装艺术作品。色彩的自然色调大体分为亮色调与暗色调、淡色调与浓色调、艳色调与灰色调、冷色调与暖色调等。

图6-32　高低纯度色彩的配色（一行一线国际服装设计大赛作品）

（1）亮色调与暗色调　服装色彩的亮色调主要是色彩明度高的色彩，如白、浅黄、粉红、品红、橙色、浅蓝、浅绿、淡紫等，表现着装者明快、高贵、浪漫、鲜明、华丽的色彩追求。暗色调主要是黑灰色、暗红色、深褐色、紫褐色等，显示出着装者坚强、持重、刚毅、朴素的性格特征（如图6-33）。

（a）亮色调的服装色彩

图6-33

（b）暗色调的服装色彩

图6-33　亮色调与暗色调

（2）淡色调与浓色调　淡色调以鹅黄、米黄、浅灰色、粉红色、浅玫红色、浅绿色、浅蓝色、淡紫色等为主，表现温和、愉快、轻柔、优美、清澈、透明、简洁的着装风格。浓色调以绛红、深紫、紫褐、青莲、深蓝、暗绿等为主，表现着装者深沉、高深、理智、简朴、传统的着装风格（如图6-34）。

（a）牡丹亭·韩琪春夏淡色调的服装色彩

（b）浓色调的服装色彩

图6-34　淡色调与浓色调

（3）艳色调与灰色调　艳色调以纯度高的色彩组合为主，以黄色、橙色、粉红色、浅蓝色、粉绿色等为主，给人以新鲜、艳丽、热闹、华美、活泼、刺激之感，显示了着装者外向、兴奋、好动的个性。灰色调是以黑、灰为主的色调，给人以恬静大方、沉稳儒雅之感（如图6-35）。

（a）艳色调的服装色彩

图6-35

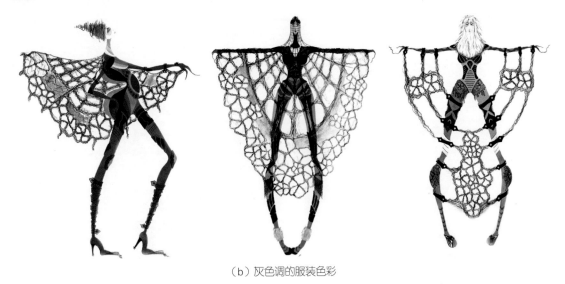

（b）灰色调的服装色彩

图6-35　艳色调与灰色调

　　（4）冷色调与暖色调　　冷色调是以蓝、绿为主的色调，在服装色彩的表现上常常给人以清新亮丽之感，充满了青春气息。冷色调的服装色彩多用在春、夏季，大自然的色彩是取之不尽的设计源泉。暖色调以红、橙、黄色为主要色调，给人以热情、奔放的感觉，容易让人接近。暖色调的服装色彩多用在秋、冬季，以适应季节的变化和人们的着装需要。很多服装设计大师对于冷色调和暖色调服装色彩的驾驭能力是十分高超的，他们会利用不同的冷暖色调表达不同的审美需求，以满足不同消费者的市场需要。所以，我们在日常的设计中，要善于和大胆地去尝试不同的冷暖色调的配色关系，以达到设计效果和设计目的（如图6-36）。

　　　（a）冷色调的服装色彩　　　　　　　　　　　　（b）暖色调的服装色彩

图6-36　冷色调与暖色调

课堂互动

（一）服装色彩主题情调的设计方法有哪些？试举例说明。

（二）服装色彩的风格设计方法有哪些？试举例说明。

任务小结

从以上各任务实施可以看出，色彩与服装整体的风格协调，服装的色彩与实用功能相协调，服装的配色满足消费者的审美需求，色彩与材料结合后的效果配色等要素在着装状态中均具有丰富的色彩表现力。服装色彩的搭配，还要符合实用与装饰美的目的。另外，服装本身配色的调和，服装与配件、附件的色彩协调，与图案的色彩协调，与穿着者年龄、性别、职业及环境的协调等都是重要的设计因素。

知识拓展 2022年北京冬奥会制服设计

2022年北京冬奥会制服分为工作人员服装、技术官员服装与志愿者服装三种，由北京服装学院设计发布。根据设计要求，2022年北京冬奥会制服设计视觉元素取自中国传统山水画与冬奥会核心图形中的"赛区山形"。水墨是中国文化的重要基础，具有深邃而博大的精神承载能力，又有无限寄托志向的空间。将水墨艺术等中国传统文化元素运用于冬奥制服，蕴含了浓墨淡彩、至繁至简的文化精髓和独特意境。寄情山水，象征着君子的高洁品质，是中国人民热爱自然、与自然和谐共生的哲学观和价值观的体现。

工作人员和技术官员制服中的"霞光红"，同样来源于北京冬奥色彩系统。"霞光红"取自北京冬季初升的太阳与霞光，是温暖与希望的象征，体现了奥运工作人员和技术官员的工作热情与奉献精神。黑白灰与红相配，蕴含了北京冬季白雪冰封中点缀柿红色的色彩意向，美好、吉祥。黑与红也是中国古代祭祀天地的服制色彩，是最高等级的礼仪色彩，表现了中国作为衣冠大国所具有的礼仪与文明（如图6-37、图6-38）。

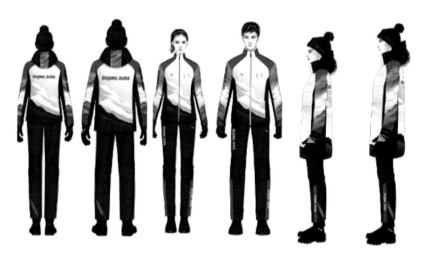

图6-37 工作人员系列制服效果图

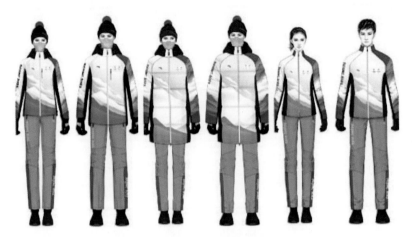

图6-38　技术官员系列制服效果图

　　志愿者制服中的"天霁蓝"，是中国传统陶瓷珍品——霁蓝釉的颜色，发色沉稳，具有宝石般的光泽。蓝色活泼生动，是适合志愿者服装的配色（如图6-39）。

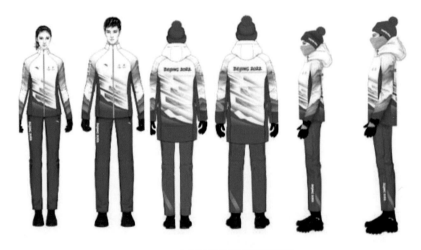

图6-39　志愿者系列制服效果图

　　"瑞雪白"作为制服的调和色，象征在白雪覆盖下的世界纯净高洁。"瑞雪兆丰年"的吉语，也恰恰契合了北京冬奥会的举办时间——春节。

任务三　服装色彩设计的效果与评估

任务分析　服装色彩设计预期目标的确立与实施

　　服装设计采用什么样的色彩搭配出完美的效果，是设计师应当考虑的基础问题，在掌握了色彩搭配基础常识的基础上，设计出来的服装才更加适合市场的需求，才更加人性化。

根据市场调研、流行色机构发布的信息、面料商提供的色卡，把构想的最重要的色彩分离出来，建立一个调色系统，结合制作的需要，确立本次的设计应该是小系列、中系列还是大系列。然后运用建立的调色系统组成多个系列的色谱方案，假如需要设计一个中系列的时装组合，就要按大系列来准备，力求做到一个系列有多个色彩设计方案。最后进行色彩调整，取得色彩的和谐。一旦色彩的设计方案确立下来，下一步就是寻找设计的素材。除了供货商提供的素材，更多的时间得去面辅料市场寻找，以便发现最理想的设计元素，进一步整合色彩方案，一般情况下，每个系列的色彩以6～8种为宜（如图6-40）。

图6-40　色彩设计方案与素材

相关知识与任务实施　服装设计色彩与产品色彩的自我评估

经过反复的调整、修改，样品制作出来后，对照设计图纸查看预期的服装色彩方案有没有实现，建立的调色系统与成品色彩之间的联系、点缀色运用得是否恰当。如果前期工作都准备充分的话，这一步的工作应该是很轻松的。色彩设计的预案工作应该包含成品色的准确性和维持它原有品质这一重要内容。产品的策划者应该和各个部门（如市场调研部、商品开发部、设计中心、购买/供应部、生产部、物流部、销售部、客户信息部等）进行正确、适合的沟通，还要与面辅料的供货商进行磋商，拟定色彩预案和实际色彩之间的误差值，以便供货商及时调整工艺程序，以保证大货的色彩质量和服装产品的色彩品质。

（一）以宁静蓝色为主题的色彩意象创新实例

宁静蓝总是作为治愈的色彩出现，低明度、低饱和度的浅蓝犹如雨后澄澈明净的天空，抚平内心的狂躁，带给人岁月静好的感觉。宁静蓝结合轻薄缎面的棉麻面料，可表现出一种优雅低调的内敛气质（如图6-41）。

图6-41　宁静蓝色谱

宁静蓝棉麻面料推荐如下。

推荐材质：以经GOTS认证的可追溯有机棉和长绒棉为主，开发棉类纯纺织物或加入可持续性亚麻混纺。

风格肌理：做旧哑光雾感、细条纹、竹节风格。

工艺/功能：水洗/空气洗，可加入抗菌、吸湿速干工艺（如图6-42）。

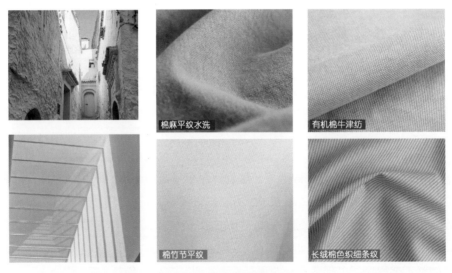

图6-42　宁静蓝棉麻面料

面料运用推荐：自然水洗产生微绉肌理的棉麻面料，可开发柔软舒适的贴身单品，如裙子和休闲套装等；经典细条纹搭配优雅的宁静蓝适用于商务通勤的单品，如衬衫和轻薄外套。

推荐成衣品类：衬衫、上衣、套装、裙子。

宁静蓝面料运用及款式推荐如图6-43。

图6-43　宁静蓝面料运用

（二）以奶油卡其色为主题的色彩意象创新实例

奶油质地的卡其色，仿佛具有丝滑柔糯的触感，带给人温柔亲切的感觉。搭配棉麻面料的独特风格，顺应时代居家式的休闲通勤风，展现自然闲适的生活态度，表现自由随心的生活方式（如图6-44）。

图6-44　奶油卡其色谱

奶油卡其棉麻面料推荐如下。

推荐材质：以符合ECO-TEX标准的精梳长绒棉、PIMA棉为主，加入氨纶等弹性纤维混纺；选用可追溯的细支亚麻纯纺。

风格肌理：保留麻皮呈现杂点风格，光洁平整，细斜纹，挺括柔滑。

工艺/功能：亚麻空气柔软及形态定型处理，棉丝光处理（如图6-45）。

图6-45　奶油卡其棉麻面料

　　面料运用推荐：粗斜纹棉麻面料保留微量麻皮，呈现粗粝自然的休闲风格，适用于日常宽松的外套、套装等；高支高密的长绒棉府绸和细斜纹，呈现精致光洁的外观，适用于都市通勤装中轻质挺括的单品。

　　推荐成衣品类：衬衫、马甲、套装、外套、风衣、裤子（如图6-46）。

图6-46　奶油卡其面料运用

课堂互动

　　（一）服装色彩设计预期目标的确立与实施如何进行？

　　（二）结合国产服饰品牌，试分析服装设计色彩与产品色彩的自我评估。

任务小结

　　色彩的流行信息多来自市场销售的潮流及社会专业机构的发布。流行色彩，往往是经过如报纸、杂志、电影、电视等媒体来进行传播的。作为服装设计师而言，捕捉色彩的流行信息不必拘泥于分析、调查与统计销售情况，而要凭着职业的"嗅觉"去感受和创造新的色彩流行。利用掌握的情报预测资料的社会信息，指导服装色彩设计的构思，使设计的产品适销对路，使新的色彩组合体现服装的整体美。

知识拓展　虚拟服装及色彩设计

　　虚拟服装是指利用计算机技术对布料进行仿真制作的数字时装。它是以图片或视频的方式对服装版型、面料肌理及色彩、人体结构与着装动态的变化进行综合合成，从平面到立体，从静态到动态，多角度展示服装的一种技术手段。虚拟服装最初来源于QQ秀，用户根据各自的喜好为QQ秀形象购置、搭配一套虚拟的形象造型，其中包括发型、表情、服饰色彩和场景等。目前，通过与现实世界映射与交互的虚拟世界元宇宙，"虚拟化"的时尚产业也得以迅速发展，虚拟时装也变成了元宇宙的时尚。虚拟服装的色彩设计更趋向于明亮澄澈、透彻见底的纯粹色彩视觉观感，如同水晶棱镜透过光线照射形成的光谱。将人造宇宙浩瀚无际、皆若空游、一尘不染的缥缈视觉特点表现得淋漓尽致（如图6-47）。

图6-47　SS23中国国际时装周●时尚元宇宙虚拟时装发布

教学与实践评价

　　项目训练目的：
　　通过服装色彩的设计方法与内容的任务实施训练，掌握服装色彩形式美的内容，利用服装色彩设计的方法，进行服装色彩设计的效果评估。
　　教学方式：
　　由教师讲解服装色彩的设计方法与内容，然后对照相应的图片给予合理的讲解，运用多媒体教学，播放各类时装发布视频。

教学要求：

1.掌握服装色彩形式美的不同内容，能结合实际设计出不同内容的服装色彩系列组合。

2.在理论上认识服装色彩的设计方法，能够熟练掌握服装色彩的主题情调设计、风格设计和系列设计的方法。

3.掌握服装色彩设计的效果评估，能够运用市场调查对国产服饰品牌做出相应的色彩判断。

4.教师组织进行课堂互动，并对互动结果予以点评和总结。

实训与练习：

1.分别对服装色彩形式美的不同内容做最少两个系列的色彩设计训练，并做出相应的文字说明。

2.运用服装色彩不同的设计方法、结合流行元素，分别进行两个以上系列的服装色彩训练。

3.运用市场调查和搜集的流行信息，做出两个系列的服装色彩设计预案，然后根据市场产品做出自我的色彩评估。

项目七
流行色在服装色彩
设计中的应用

学习目标

1.知识目标：了解流行色的基本概念、组织机构。

2.能力目标：掌握流行色的内容，收集服装流行色的信息，能在实践设计训练中加以运用。

3.素质目标：能够协调相关环节，综合运用色彩流行元素进行系统设计。

项目描述

在世界范围内的各个国家和各个民族，由于种种原因都有自己爱好的传统色彩和长期习惯使用的基本色彩，这些色彩适应性广、使用时间长，有些色彩还多年保持不变，这些色彩称为常用色。常用色和流行色相比，它变化缓慢、延续性长、适应性广、使用时间也更长。

流行色和常用色都不是一成不变的，它们相互依存、相互转换。某种常用色可能在一定时期、一定阶段演变、进化为流行色；而某种流行色因流行时间长、普及率高也可能被其他颜色所替代，转变为常用色。所以说，流行色既区别于常用色，又离不开常用色。

本项目重点任务有两项：任务一，服装与流行色；任务二，流行色在服装中的应用。

任务一　服装与流行色

任务分析　流行与流行色

　　流行是一个周而复始的规律循环过程，又称风行。它是指社会上相当多的人在较短的时间内，由于追求某种行为方式，并使之在整个社会中到处可见，从而使人们相互之间发生了连锁性感染。流行的内容相当广泛，不仅服装有流行，其他领域同样也存在流行，诸如流行音乐、流行舞蹈、流行发型等，而且人类的思想观念、宗教信仰等意识形态领域也存在流行。总之，流行是在一定文化条件和空间范围内为人们广泛采用的一种行为特征，它是人类标异心理和趋同心理的物化。

　　"流行色"是一个外来名词，它的英文名称为fashion colour，意为合乎时代风尚的颜色，即"时髦色、时兴色"。也有的称为fresh living colour，意为新颖的生活用色。具体地说，流行色是指在一定的时期和地区内，被大多数人所喜爱或采纳的几种或几组时髦的色彩。这里值得注意的是，流行色不是一种色彩或一种色调，它常常是某几种色彩或几组色彩及色调，或称"色群"。它也是一定时期、一定社会的政治、经济条件下的综合产物。在服饰、纺织、轻工、食品、家具、城市建筑、室内装饰等多方面的产品中，流行色普遍存在。其中，反应最为敏感、最为典型、最具诱惑力的是服饰和纺织产品，因为它们的流行周期最为短暂，变化也最快。

相关知识与任务实施

（一）流行色的预测

　　流行色预测的依据大体有三个方面：一是靠市场调查，这是预测流行色的群众基础；二是根据自然环境、现实生活以及当地传统文化来分析；三是根据流行色的演变规律，来分析预测。流行色的演变规律有三种趋向：一种是延续性，一种是突变性，另一种是周期性。

　　流行色款式设计、色彩搭配及选材不仅要彰显新时代潮流，具有独特的气质和品位，更要以潮流、创新及多元化为前提，将简约、个性、绚丽多彩融合为一体。缤纷华丽、简约经典，善于把握每一季的流行色彩，引领时尚潮流。

（二）流行色的产生和发布

　　流行色就是流行的风向标，掌握了流行色的风舵，就能引领潮流方向。它是在某种社会环境和背景条件下产生的一种社会现象，是社会心理和时代潮流的产物。流行色的产生不是由一个人或几个人的主观愿望所决定的，也不是色彩专家凭空想象出来的，更不是服装设计师、厂家、销售商闭门造车所创造出来的，它反映的是整个消费群体对色彩的自然需求。流行色的产生主要根据市场色彩的变化动向与流行色协会专家的预测，这就需要做大量细致的准备工作，包括研究色彩学的色彩要素及秩序特征，研究人们的生理、心理因素，研究消费者的风俗习惯和消费动向等。因此，流行色的产生既带有主观的人为因素，又有严格的科学依据，所发布的流行色趋向对服装销售市场和消费者都具有导向作用，同时也极大地影响时装的流行趋势。

国际流行色协会每年都在法国巴黎召开两次色彩研讨会，分别在每年的2月份和7月份举行，届时协会的成员国都要派本国的两名代表参与并提供本国流行色预测案本及色卡，共同研讨18个月之后的流行色。协会根据各成员国成员提出的预测，经过讨论推荐一个大家均认为可以接受的提案为蓝本，各国代表再进行补充、调整，推荐的色彩只要有半数以上代表表决通过就能入选，这就是18个月后的流行色。在国际或国内所发布的流行色定案中，都有一个总的或若干个新主题，有的还附有一些文字说明。这些主题是为了阐述每季流行色的总体思想和总体精神风貌，以帮助人们理解本季流行色的含义。每次发布的流行色，都不是一种色彩，而是按照男装色彩、女装色彩或是按照主题分为若干个小组，每个小组又由很多种色卡构成。"每组色卡都有其灵感来源：恬静的自然色、淳朴的乡间色、浓重的都市色调等"（如图7-1）。为保证流行色发布的正确性，大会当场就将各种有色纤维以色卡的形式分给各成员国代表，供大家回国后复制、使用。考虑到这是预测18个月之后的流行色，所以协会规定：半年之内不得将该色卡在公开的书刊、杂志上发表。

（a）天然染色的纱线

（b）恬淡渲染的染料

（c）色调浓重的花簇

（d）清新的湿地印象

图7-1　色彩的灵感来源

（三）服装流行色信息的收集渠道

收集服装流行色信息是服装设计人员和相关人士的一项重要工作，目的在于掌握服装流行色发展的动向、趋势，从而引导服装流行色的开发创新。服装流行色信息收集的途径很多，信息量也很丰富，有对现今社会上服装色彩流行趋势的了解，有对当时当地人们生活习惯、风俗爱好、审美情趣的熟悉等，服装设计人员必须多方位地收集、分析、归纳、筛选、储存这些信息，要从现在的流行色彩中，预测将来的色彩流行趋势，把它们作为服装流行色设计的依据。收集服装流行色信息的具体工作，可从以下几方面着手：

1.参阅国内外相关期刊

流行色的流行情报，主要来自国内外公开发行的刊物。相关期刊包括一些流行色刊物和服装刊物。国外有关流行色的期刊有《国际色彩权威》《CHELON》《巴黎纺织之声》等。其中，《国际色彩权威》是国际上发布预测流行色权威性较高、影响性较大的刊物。我国在研究、预测、发布流行色方面较具权威的杂志是《流行色》。除此之外，还有其他服装刊物上发表的一些流行色信息、简讯等。

国外服装期刊有《世界时尚》《ELLE》《时装星球》等，国内有《时装》《服装设计师》等。在参阅服装期刊时，应该重点分析服装的色彩有何变化，并注意衣料质感与色彩结合后所产生的效果。另外，杂志上服装模特的发型色彩、配饰色彩变化等也不能忽视。

2.收集各类媒体传播的相关信息

媒体包括电视、报刊、广告等。这些媒体传播的流行色信息除了国际流行色协会或国内流行色协会每年发布的春夏季和秋冬季流行色卡外，还有一些流行服装信息。如巴黎、伦敦、米兰、纽约、东京每年两次的时装发布会，以及高级时装表演会和面料博览会所发布的时装新款信息，从这些时装上我们可以分析色彩的流行动向与趋势。

除了以上媒体传播的信息外，设计人员还要收集一些国内高级时装设计师的作品发布会、设计师举办的作品展活动、国内流行趋势发布会等活动中的色彩流行信息。

3.考察消费者的心理需求

人为的引导、设计、推广对某种色彩流行也能起到促进作用。我们可通过访问、座谈、调查以及服装展销等方式来了解消费者对服装色彩的需求。同时，还可考察各地风土人情、民间服饰色彩及图案色彩，以此来积累资料。通过对过去、现在、未来服装色彩的分析、研究，来观察色彩流行的趋向。

课堂互动

（一）流行色预测的依据大体有哪三个方面？

（二）中国流行色协会业务主旨有哪些？

任务小结

决定流行色的因素很多，不是单单靠几个设计师就可以完成的。有威望的服装设计师在预测下年的流行色时，要考虑一些艺术和社会心理方面的因素，还要结合实用和成本控制，还有季节因素。研究出来的最新材料也会成为考虑因素。艺术上主要是以当前的流行艺术风格为参考。社会心理方面是多考虑大众对前两年流行趋势的接受程度和逆反心理。实用方面要求更是高，主要是根据瞄准的消费者人群，以他们的生活环境、工作环境为参考。

知识拓展 流行色研究机构

（一）国际流行色协会

也称"国际流行色委员会"，成立于1963年，此委员会是国际上最具权威性的研究纺织品及服饰流行色的专门机构，该委员会的全称为"国际时装与纺织品流行色委员会"，英文名称为"International Commission for Colour in Fashion and Textiles"，简称为"Inter Colour"。该协会由法国、瑞士、日本发起，总部设在法国巴黎，我国是于1983年2月正式加入该协会组织的。国际流行色协会主要成员国及其组织见表7-1。

表7-1 国际流行色协会主要成员国及其组织

国 家	组 织
法国	法兰西流行色委员会、法兰西时装工业协调委员会
瑞士	瑞士纺织时装协会
日本	日本流行色协会
德国	德意志时装研究所
英国	不列颠纺织品流行色集团
奥地利	奥地利时装中心
比利时	比利时时装中心
西班牙	西班牙时装研究所
芬兰	芬兰纺织整理工程协会
荷兰	荷兰时装研究所
保加利亚	保加利亚时装及商品情报中心
匈牙利	匈牙利时装研究所
波兰	波兰时装流行色中心
罗马尼亚	罗马尼亚轻工产品美术中心
中国	中国流行色协会
意大利	意大利时装中心

国际流行色协会除了上述成员国参加以外，还有一些以观察员身份参加的组织，如国际羊毛局、国际棉业协会等组织。国际流行色协会每年举行两次年会，分别在2月份和7月份，每个成员国派两名专家代表参加，共同研讨18个月之后的国际流行色。

（二）中国流行色协会

中国流行色协会于1989年由中国丝绸流行色协会及全国纺织品流行色调研中心合并而成。中国丝绸流行色协会成立于1981年，全国纺织品流行色调研中心成立于1982年，两组织的总部均设在上海，成员大都是业内人士，也有社会相关人员参加。中国流行色协会每年也召开两次年会，以研讨、预测和发布春夏及秋冬两期的流行色卡。公开发行的国内杂志有《流行色》《中国纺织美术》。业务主旨为时尚、设计、色彩。服务领域涉及纺织、服装、家居、装饰、工业产品、汽车、建筑与环境色彩、涂料及化妆品、美术、影视、动画、新媒体艺术等相关行业。

任务二　流行色在服装中的应用

任务分析　**流行色的应用目的**

研究流行色的目的在于应用，流行色可以应用在人们生活的方方面面。服装对于流行色是最敏感的，服装需不断地随季节和时尚潮流转换，色彩也随之变化。因此，服装流行色的变化速度最快。在国际市场上，同样规格和质地的服装，具有流行色和色彩过时的服装价格可相差数倍甚至是几十倍，可见流行色在服装上的作用非常重要。

相关知识与任务实施

1.流行色卡的识别

国际流行色委员会每年都要发布2次流行色，每次预报和发布的春夏季或秋冬季流行色一般有男装色谱、女装色谱和总谱，这些色谱都以色卡的形式进行宣传和传播。流行色不是一般人所认为的只有一两种色，也不是单独的几个色相，而是由几个色相的多种色彩组成的、带有倾向性的好几种色调，以满足多方面的需要。乍一看，色卡有二三十种色彩，红、绿、黄、蓝、黑、白、灰……给人的感觉就是什么色彩都有，让人一时难以识别（如图7-2）。但是，在仔细分析每种色卡后，可以大致分为若干色组。

（1）时髦组　包括即将流行的色彩——始发色、正在流行的色彩——高潮色、即将过时的色彩——消褪色。这些贯穿于整个流行过程的不同色调，是流行的主色调。

（2）点缀色组 一般都比较鲜艳，而且往往是时髦组的补色，它只在整个色彩组合中起局部的、小面积的点缀作用。

（3）基础常用色组 以无彩色及各种色彩倾向的含灰色为主，加上少量常用色彩，该色组是适应面最宽的流行色。

另外，色谱化色卡也有助于加深对流行色的认识、理解，应该仔细阅读、仔细领会（如图7-3）。

2.流行色在服装设计中的应用

有人认为流行的就是美的，其实流行有时是一种感觉，来得快去得也快。如果我们掌握了流行色的一些搭配技巧，再根据不同的季节，以及色彩的冷暖轻重来选择自己的服装、配件等，就可实现色彩的和谐之美，展现富有个性的美丽。

在服饰设计中，流行色应用的关键在于把握主色调。所谓主色调，即占统治地位的色彩倾向。服装的主色调带给人第一感觉，使人产生直观印象和深刻的记忆，能够充分体现穿着者的性格、特征和情感。另外，我们按照当季流行色卡所提供的色彩进行配色设计，实际上就是一个定色变调的过程，其中有着千千万万的变化，个人主观发挥的作用极大，但在面积比例上我们要注意配色的适度。

流行色在服装设计中的具体应用，主要有以下四种配色方法。

（1）单色的选择应用 生活中的服装都是由各类色彩构成的。单色应用是服装配色中的重要组成部分，所形成的服装具有较高的审美情趣，给人稳重、成熟的感觉。流行色卡中的每个颜色都可单独使用，以此构成的服饰色调，无论是男装还是女装都能取得良好的效果（如图7-4）。

图7-2 色卡

图7-3

图7-3 2021秋冬流行色趋势预测：秋天本来的颜色

（2）同色组的组合和应用 同色组的组合和应用是指在同一个色组的色卡中选择几种颜色进行配色，这是最能把握流行主色调的配色方法。具体做法是：先选择主色，再根据主色的色相、明度、纯度及冷暖选择相应的搭配色和点缀色。由于这些颜色都出自同一个色组，很容易体现流行色特定的色彩情调和气氛（如图7-5）。

图7-4 单色的选择应用（盖亚传说·熊英）　　图7-5 同色组的组合和应用（盖亚传说·熊英）

（3）各色组的穿插组合与应用 这是指选择颜色不受流行色的色组限制，超越色组进行配色，是一种多色构成法。具体做法是：先选用一种颜色为主色调，将其他各组的色彩有选择地穿插应用，这是变化最丰富的一种配色方法。这种配色方法色调差最明显（如图7-6）。

（4）流行色与常用色的组合应用 这是服饰色彩设计中最常用的组合手法。这种设计方法，可以引起更多消费者的共鸣。该配色方法应用在服装上既能体现一定的流行感，又能为相对保守的人们所接受，从而使流行色在服装应用上的范围也得以扩展（如图7-7）。

图7-6　各色组的穿插组合与应用
（盖亚传说·熊英）

图7-7　流行色与常用色的组合应用
（盖亚传说·熊英）

课堂互动

简述流行色在服装设计中的应用。

任务小结

　　服装的流行色可以说是人为的，但又是为人的。服装的款式和流行色使用的关系相当密切。新的款式需要用新的色彩去显示它的魅力，而新的色彩又必须通过新的款式才能使消费者认识，从而扩大影响，形成"潮流"。流行色和流行款式结合成为一个整体，同时形成，同时推出。

　　流行款式的服装十分重视时代感，而流行色是体现时代感的重要因素，在服装上无论运用什么流行色，一定要抓住色彩情调的特征，充分体现出个性、感情与气氛。

知识拓展　　服装流行色应用效果的评估

　　21世纪是工业与科技日新月异的年代，纵观近年来春夏季、秋冬季的流行色以及其发展趋势，趋势诠释了未来流行色的潮流关键词，即浪漫、现代、自然、原始。流行色是客观存在于社会之中的，对于流行色的预测和效果评估则是十分复杂的。

　　人们处在不同的时代，就会有不同的精神需求。在一定的时代，一些色彩被赋予时代精神的象征意义，迎合了当时人们的理想信念、审美趣味、兴趣爱好，这些具有特殊感染力的色彩在人们的日常生活和服饰中就会流行起来。例如，20世纪60～90年代中国的服饰从蓝、灰、绿等单一色彩逐渐发展为五彩缤纷，中国的服装也是从保守到开放，从单一到多元，逐渐与国际接轨。

　　人们处在不同的自然环境，就会喜爱所处的自然环境色彩。处于南半球的人偏爱强烈的

色彩；处于北半球的人，对自然变化的感觉相对比较迟钝，喜欢柔和的色调。例如，彩虹之国南非的人无论男女老幼，非常喜欢穿一些色彩艳丽或者带花色的服饰。处在北极的因纽特人的服饰大多采用动物的毛皮为原料，驯鹿皮、熊皮、海豹皮、狐皮等都是做衣服鞋子的主要材料，保暖、防风和透气是因纽特人防寒服的主要特点，在服饰色彩的选择上会非常单一。

在色彩视觉论方面，人们长时间接受单一色彩的刺激后会产生生理上的视觉疲劳，进而心理上也会产生厌倦的情绪，从感觉到知觉的变化与平衡，导致了向相对方向的色彩周期性循环变更，同样符合了人们自身具有的要求色彩平衡的生理特征。例如，现代服饰设计中更注重色彩与心理、性格的密切关系。

💡 教学与实践评价

项目训练目的：

通过流行色应用于服装色彩设计中的任务实施学习，理解服装与流行色的基本概念，掌握流行色在国产服饰品牌中的应用。

教学方式：

由教师讲解服装流行色的基本概念、组织机构，以及如何使用服装流行色，同时结合相关资料和图片来分析流行色在服装上的应用效果。

教学要求：

1.让学生掌握服装流行色的基本内容。

2.让学生在实践设计训练中熟练运用当季的流行色。

3.教师组织学生进行课堂讨论，讨论当季服装流行色的应用效果。

课堂作业：

1.如何认识流行色？如何认识常用色？两者之间的关系是什么？

2.色卡制作：把白板纸裁成2cm×4cm规格的纸卡，纸卡不得少于100张，用水粉色调出各种不同的颜色，然后每色一张地平涂在纸卡上，并把它们按相同色相排列在一起。

3.流行色应用练习：在8开素描纸上设计一系列春夏服装，并画出效果图，任意选用上一题制作的色卡纸上的3种颜色，进行流行色的应用练习，体验流行色在服装上的应用效果。

4.结合流行趋势，自测推出一组秋冬流行色，并写出这组流行色的灵感来源及名称，再根据自测的流行色卡上的颜色设计一系列秋冬服装，不得少于3套，并在8开素描纸上画出效果图。

项目八
服装色彩的企划
过程及应用

学习目标

1. 知识目标：了解服装色彩企划的程序。
2. 能力目标：能制定切实可行的配色方案。
3. 素质目标：掌握服装色彩的企划原理，学会运用服装色彩进行商业目标客户的服装CI企划。

项目描述

　　服装CI系统是推动服装企业走向成功的现代化经营战略，是成功开拓市场的利器，是创造品牌的有力手段，是企业可持续发展的基本战略。CI被称为赢得市场与顾客的战术法宝，它给企业带来了无形资产。CI可以帮助企业树立企业和产品形象，提高消费者对企业的认知程度。一个成功的品牌必定是运用了鲜明的色彩来表现企业品牌个性，掌握服装色彩的企划原理，正确制定配色的方案，巧妙利用色彩对品牌或商品进行营销定位，有利于新兴品牌快速取得知名度，也有利于老品牌重新焕发生机。品牌服装在色彩的处理上通常会根据品牌自身的风格定位，确立与之相吻合的色彩基调。

　　本项目重点任务有两项：任务一，服装色彩的企划过程；任务二，成功品牌服装色彩设计案例分析。

任务一　服装色彩的企划过程

任务分析　**服装CI系统**

CI是英文corporate identity的缩写，其定义是将企业的经营理念与精神文化，运用整体传达系统（特别是视觉传达系统），传达给企业内部与社会大众，并使其对企业产生一致的认同感或价值观，从而形成良好的企业形象，促销产品，是现代企业走向整体化、形象化和系统管理的一种全新的概念。

服装CI系统即服装企业形象识别系统，是服装企业大规模经营而引发的企业对内外管理行为的体现。当今国际服装市场竞争愈来愈烈，企业之间的竞争已不仅仅是产品质量方面的竞争，而是已发展为多元化的竞争。服装企业想要生存必须从管理、观念、形象等方面进行调整和更新，制定出长远的发展规划和战略，以适应市场的发展。

相关知识与任务实施

（一）选择切实可行的配色方案

服装是由色彩、材料和款式三大元素共同组成的，三者缺一不可。俗话说"远观色，近看花"，人类视觉对物体的第一感觉就是色彩。服装色彩也是完善服装个性及风格的重要途径（如图8-1）。

图8-1　太和女装服装色彩的设计

中国的运动服名牌——李宁品牌率先导入CI，其设计简洁大方，线条刚柔相济，体现出产品的品牌名称及特色，而且利用名人效应以及大型体育赛事的传播途径，迅速为广大消费者所接受和认可。于是在很短的时间内，李宁品牌成为老百姓心目中的名牌。

宁波雅戈尔集团也成功导入CI战略，以"装点人生，还看今朝——雅戈尔衬衫、西服"为广告词，并对其管理理念、营销规范进行策划，使这个服装企业知名度大增，其利润也连年翻番。

近年来不断崛起的汉派服装也得益于CI战略，出现了康赛、美尔雅、太和等服装品牌。武汉太和集团1996年初全面导入CI，对公司整体形象和产品标识重新策划、设计和包装。为了争夺全国市场，太和对在中央电视台的广告进行了所谓"零利润投入"，即将利润全部投资广告，进一步加强CI战略的实施，使企业在服装行业中脱颖而出，创造出名牌效应，占有服装市场。

（二）厘定服装企业成衣色彩的设计特点

成衣是按照标准号型批量生产出来的衣服，其设计是针对群体共性的需求，不能顾及个体的要求。设计产品的程序是规范化的，生产是批量化的、工业化的。

成衣设计伴随的经济价值远远高于定制的衣服，企业投入的资金、承担的风险都很大。因此，企业在决定生产之前都要精心地进行产品的规划及销售的预测，以免做出错误的决定，造成巨大的经济损失。在销售过程中要随时分析售卖的信息以便正确地追加货物，销售过后还需认真地评价，吸取成功和失败的经验。这就决定了服装色彩设计的基本工作内容是，要准确预测新一季的流行色彩，合理地计划商品色彩的配置比例，适时进行色彩计划的调整，客观评价色彩计划的效果。

成衣的贸易流程长，所以在服装业比较发达的国家和地区，品牌成衣企业从纺织、染色开始的色彩计划工作在成衣推出的前两年就开始了，设计主体和生产的准备是在一年至6个月前确定的。

（三）服装企业色彩的选定计划与实施

成衣的色彩总体计划是对产品色彩的预测、投入、产出与销售全面系统的规划。一个正确的色彩选定计划，可以为产品制定出一条清晰的色彩使用路线，使生产、销售有序地进行。

服装作为一种时空艺术，依存于各种信息来展开设计、生产、销售等一系列经营活动。能否及时地掌握信息、能否有效地利用信息，在资讯传媒高度发达、市场竞争异常激烈的当今，直接关系到品牌的生死存亡。业内资讯主要指服装行业乃至整个时尚产业内流行的资讯，来源于时装发布会、流行色的发布会。国际和国内的流行色协会通常会提前18个月公布流行的预测信息，将其提供给业内企业。国际流行色委员会是非营利机构，是国际色彩趋势方面的领导机构，是目前影响世界服装与纺织面料流行颜色的最具权威的机构。国际流行色委员会每年召开两次色彩专家会议，制定并推出春夏季与秋冬季男、女装四组国际流行色卡，并提出流行色主题的色彩灵感与情调，为服装与面料流行的色彩设计提供新的启示（如图8-2）。

图8-2　中国传统的扎染色彩成为国际流行色发布的主流之一

服装企业尽可能地收集服装色彩方面的有关信息，信息越多越详细对市场的把握就越准确。如企业的销售状况、消费者的消费倾向、社会的生活动态、媒体宣传的时代精神导向、文化艺术风尚等，生活中各个方面的变化都可能影响到色彩的流行，新的设计是在对这些信息分析的基础上展开的。

1.色彩选定的计划与实施的步骤

（1）信息的分析　服装流行信息的收集通过一定的表达方式体现出来，色彩及面料用"图示+文字"的形式表现材料、质感、图案、纹样等新一季的色彩、面料特征。并结合本企业品牌的市场定位和设计风格，对收集的信息进行分析整理。分析时把握好色彩流行的大方向，设计开发出符合流行特征的产品，并赢得市场。要对面料色彩进行整体分析，因为每个区域的消费者对面料、色彩的接受程度是不一样的，所以在处理流行色信息时，把这些因素综合考虑最为重要。不仅仅是国际流行元素，还有国内不同地区的消费者对流行的接受也不一样，譬如北京25～35岁的消费者和上海25～35岁的消费者对流行色彩的追求是不一样的。这些资讯的搜集以及整理、分析工作是一个非常复杂但又极为必要的过程。

（2）确定设计的概念　根据上述的分析和研究，由设计师提出下一季的设计概念，其中包括色彩的主题，同企业领导及相关部门共同讨论、修改，确定企业的色彩预案。

（3）设计的实施　根据企业品牌目标顾客的嗜好、倾向选定主题的代表色并做出系列的配色计划。品牌服装在色彩的处理上通常会根据品牌自身的风格定位，确立与之相吻合的色彩基调。这是确立一个品牌符号系统的重要步骤。服装设计的配色是十分复杂的，有时理论上好的配色，实际运用到服装上却达不到预想的效果，原因在于，服装色彩的效果是在面料性能以及表面肌理所营造的个性风格之上体现出来的，如果服装配色脱离了面料这一因素，配色就是纸上谈兵。在商品企划的过程中，多数品牌将色彩分为基本色系和流行色系两大类。

所谓基本色系就是指能体现本品牌一贯风格的色彩基调（如图8-3）。基本色系是商品企划在服装总体设计中相对稳定的部分，是针对本品牌目标消费人群的审美倾向而做出的色彩界定，是区别于其他品牌的主要识别符号之一，是体现本品牌个性魅力、风格形象的有效途径。基本色系的确定一般由两大因素促成：其一，基本色系与本品牌的目标消费人群的衣着消费习惯、审美方式中的色彩选择行为相符合；其二，基本色系与本品牌目标消费人群所对应的着装形态、着装方式相符合。

图8-3　刘勇男装设计作品

流行色系又称为流行主题色，是品牌商品的企划者根据流行趋势适时推出的、符合本品牌风格并被人们广泛认同的色彩系列。在衣着方式愈来愈个性化的今天，流行色早已不再局限于单纯的色彩，而是以主题色彩形成的一组或多组色彩，以便于各种风格不同的品牌通过选择，重构出自己的流行主题色系。根据流行现象的同步与分流规律（在同一时期存在不同的流行潮流，同一流行潮流在不同时期、不同人群中存在变异和转化），服装流行色即使在同一流行趋势下，仍然具备体现不同品牌服装色彩倾向的分流特征。

（4）确定面辅料制作样衣　样衣的色彩应该是主题代表色。如需修改，则要各部门共同讨论、修订。

（5）展示订货　自行举办或参与行业的服装发布会、订货会，接受批发商、零售商的订单。

（6）商品的色彩计划　当订货的数量决定某一系列产品可以投产时，要根据订单制定生产计划。如果是自营品牌，商品色彩计划的责任就比较重大，企业要召集各相关部门共同研究，如首批货的色彩配置比例、具体生产的数量，然后交由采购生产部门执行。

（7）销售设计　商品上市后要保证设计意向的准确传达。所以，专卖店、专柜都要根据商品展示的需要进行统一的陈列设计，使色彩的搭配能充分展示商品的气质与品位。

（8）信息反馈　新商品销售开始后，要及时掌握销售情况，并要留心收集其他类似品牌的售卖动向，以便及时准确地制定货物追加计划。同时，要将消费者对商品的评价、售出的款式和色彩等做详细的记录。

2.服装商品色的配置

商品色是在被销售商品上所使用的颜色。服装上的商品色可以分为主导色、点缀色、常用色。主导色是在新季节中能够卖得好的颜色；点缀色是为了衬托主导颜色而实际使用量很少的颜色；常用色是一些极少受流行的影响、长年被使用的颜色，如黑色、白色、米色等。

服装企业是根据流行色来确定自己的主导色，上市的衣服以这些色为主。主导色是企业认为可能畅销的代表新产品形象的若干色，这些色在销售上往往有较大的差别，所以应该多配那些能适应多数消费者的颜色，少配那些适应面窄的颜色。

例如，国潮服饰品牌（Cabbeen）推出"故宫宫廷文化（Cabbeen）——我喜欢这宫里的世界"联名系列。系列服饰将故宫非常有代表性的宫墙红、玉栏白作为常用色和主导色，用明黄、二品武将的狮子补子图案及色彩作为点缀色，为潮流服饰注入了独特的故宫味道。（如图8-4）

图8-4 国潮服饰品牌（Cabbeen）的色彩配置

点缀色一般运用于服饰品、印染图案或配穿的里层衣服。因为是配色，所以色彩是根据主色调和而定的，可以使主导色引人注目。

商品的配货量宜少不宜多。常用色中白色较多用于衬衣，黑色、藏蓝色、米色多用于裤子。这类色常用于基本款式，常常能够跨季节、跨年度销售。企业在选择商品色时只要抓住这些常用色，即使主导色预测失误，也能保证一年的销售额。

采用流行色的商品是高风险的，往往流行期一过就没有人购买了，所以初期投放不能仅凭推断，量可以少些，而后再继续追加。在没把握的情况下宁可少卖，也不要积压，因为严重积压的往往是曾经热销的那些颜色的衣服。

课堂互动

试分析服装企业色彩的企划过程。

任务小结

（一）服装CI系统的实施，对内促使服装企业的经营管理走向科学化和条理化，对外提高服装企业和服装产品的知名度，增强社会大众对企业形象的记忆，提高对企业产品的认购率。

（二）服装CI设计对其办公系统、服装生产系统、管理系统以及服装营销包装、广告等系统形象进行规范化的设计和管理，由此来调动企业员工的积极性，使其参与制定企业的发展战略，帮助企业在服装行业中脱颖而出，创造出名牌效应，占有服装市场。

（三）服装CI设计系统以企业的定位或企业经营理念为核心，对企业内部管理、对外关系活动、广告宣传等进行组织化、系统化、统一化的综合设计，使企业以一种统一的形态显现于社会大众面前，产生良好的企业形象。

知识拓展　服装CI系统的构成

服装CI系统是由服装理念识别（mind identity，MI）、行为识别（behaviour identity，BI）、视觉识别（visual identity，VI）构成的。

（一）服装理念识别（MI）

服装理念识别是确立企业独具特色的经营理念，是企业经营过程中设计、科研、生产、营销、服务、管理等经营理念的识别系统，是企业对当前以及未来一个时期的经营目标、经营理念、营销方式所做出的总体规划和界定。

（二）服装行为识别（BI）

服装行为识别是企业实践经营理念与创造企业文化的标准，是对企业动作方式所做的统一规划而形成的动态识别系统，以经营理念为基本的出发点。对内是建设完善的组织制度、管理规范、职员教育、行为规范和福利制度，主要包括：干部教育、员工教育（服务态度）、电话礼貌、应接技巧、服务水准、作业精神、生产福利、工作环境、内部营缮、生产设备等。对外则是以开拓市场、进行产品开发、开展社会公益性文化性活动、发展公共关系、开展营销活动、制定流通对策、选定代理商等方式来传达企业理念，以获得社会公众对企业的认同。

例如，员工的态度不好、举止不文明，营业员对顾客态度不佳，秘书接电话不礼貌，有公司标志的车辆不遵守交通规则，和客人约谈的聚会无法准时赴约等，以上情况的发生将对公司形象造成伤害。

（三）服装视觉识别（VI）

服装视觉识别是以企业的标志、标准字体、标准色彩为核心展开的完整、系统的视觉传达体系，是将企业理念、文化特质、服务内容、企业规范等抽象语意转换为具体符号的概念，塑造出独特的企业形象。视觉识别系统分为基本要素系统和应用要素系统两个方面。基本要素系统主要包括：企业名称、企业的品牌标志、企业品牌的标准字体、企业专用印刷字体、企业标准色、企业造型、象征图案等。应用要素系统包括：事物用品、办公器具、设备、招牌、旗帜、标识牌、建筑外观、橱窗、衣着制服、交通工具、产品等。

任务二　成功品牌服装色彩设计案例分析

任务分析　服装色彩设计案例

服装色彩案例是以案例的形式分析和诠释色彩的搭配原理。

服装色彩是视角中最响亮的语言、最具有感染力的艺术因素和媒体，具有巨大的社会效益、经济效益和美感效应，蕴含寓意尽在其中。它不仅传递信息、表达感情，使色彩成为构成服装美、环境美的重要因素，而且还能够在激烈的世界性服装市场竞争中，起到自我介绍和诱导购买的作用，达到广告宣传效果，使色彩在形成服装的社会效益、美感效应的同时成为产生巨大经济效益的重要因素。成功的服装色彩设计，是服装的生命象征、美感的体现，是服装产品质量的保证，是服装市场获得巨额效益的基础。

相关知识与任务分析

成功品牌服装色彩设计案例分析——美特斯邦威品牌服装色彩设计案例。

目标公司：上海美特斯邦威服饰股份有限公司。

公司经营产品：主要研发、生产、销售美特斯邦威品牌休闲系列服饰，带给广大消费者富有活力、个性时尚的休闲服饰。

市场地位：品牌致力于打造"一个年轻活力的领导品牌"，倡导青春活力和个性时尚，目标消费者是 16 ～ 25 岁有活力和时尚的年轻人群，广告语：不走寻常路。

案例分析：Metersbonwe 品牌由单一休闲风格锐变为五大风格，分别为 NEWear（休闲风-青春不凡）、HYSTYL（潮流范-弄潮为乐）、Nōvachic（都市轻商务-新鲜都市）、MTEE（街头潮酷-不趣不型）、ASELF（森系-简约森活），围绕五大独特的风格打造产品结构，在风格态度方面形成了自己的竞争优势（如图8-5）。

图8-5　美特斯邦威品牌服装

　　旗下品牌：ME&CITY 品牌的目标是为新中产消费者提供品质生活方式的体验；CH'IN 祺是适合所有人的新中式慢生活品牌，致力于为大众消费者提供一种轻松简单的慢生活方式体验；Moomoo 童装，为每一位追求得体感、设计感与品质感的父母提供更合乎其品味的、百搭且品质出众的多彩儿童休闲服饰；米喜迪（ME&CITY KIDS）是中高端时尚童装品牌，坚持精致、时尚、小大人的品牌定位。

　　Metersbonwe 在服饰色彩方面以自如、质朴、文艺的色彩为主色调。

　　色彩是一把打开消费者心灵的钥匙。好的色彩不仅可以向消费者传达商品的信息，而且能吸引消费者的目光。人们在挑选商品的时候存在一个"7秒定律"：面对琳琅满目的商品，人们只需7秒钟就可以确定对这些商品是否感兴趣。在这短暂而关键的7秒内，色彩的作用占到67%，品牌与色彩成为决定人们对商品好恶的重要因素。

　　以上案例告诉我们，品牌是有生命的，每个品牌都应该有其鲜活的个性，巧妙地利用色彩对品牌或商品进行营销定位，有利于新兴品牌快速取得知名度，也有利于老品牌重新焕发生机。虽然众多的品牌还没有完全认识到色彩营销的作用，但是先行的企业正在朝知名品牌方向迈进。

课堂互动

　　试分析1～2个国产品牌服饰的成功色彩设计案例。

任务小结

　　一个成功的品牌，成功的因素有很多，但其中有一条必定是运用了鲜明的色彩来表现企业品牌个性，运用色彩营销为服装企业品牌推广事业增添光彩可以从四个方面的原则来考虑：一是选择和企业定位相符合的色彩，色彩营销总是以企业定位为基础的，定位年轻时尚的品牌可以采用鲜艳明快的色彩，定位年轻女性的品牌可以采用柔和梦幻的色彩；二是色彩可以和一些具体形象相结合，消费者在认知品牌的过程中，会更容易识别，也更容易形成记忆；三是品牌色彩并非一成不变的，很多企业制定好一套品牌色彩后，就将其视为天书，不允许对其进行任何修改，其实当目标消费者发生变化时，品牌色彩也应当随消费者需求的变化而变化；四是当企业业绩发生变化时，要注意分析其原因，不可忽视其中色彩应用不当而导致消费者消费倾向发生偏移的现象。

知识拓展　　色彩营销及企业标准色

　　色彩营销，就是要在了解和分析消费者心理的基础上，做消费者所想，给商品恰当定位，然后给产品本身、产品包装、人员服饰、环境设置、店面装饰到购物袋等配以恰当的色彩，使商品高情感化，成为与消费者沟通的桥梁，实现"人心—色彩—商品"的统一，将商品的思想传达给消费者，提高营销的效率，并减小营销成本。企业指定具有某一特征的固定色彩或一组色彩，运用在所有视觉传达设计媒体上，通过色彩引发人的心理反应，突出企业经营

理念、产品特质、塑造和传达企业形象。因此企业在选择标准色时首先会依据目标顾客的色彩偏好来决定，目的就是要宣传企业独特形象，培养企业忠实的目标顾客群。例如，李宁运动服饰，目标消费者主要是年青、爱运动的群体，因此采用红色的标准色，代表活跃、兴奋。其次，企业要基于对塑造企业形象的考虑、对经营战略的考虑、对成本与技术的考虑进行标准色的设定。企业标准色有单色标准色、复数标准色、多色系统标准色等；主要是突出企业风格，体现企业的性质、宗旨和经营方针；通过标准色，展示企业的独特个性；与消费者心理相吻合，适应国际化的潮流。

教学与实践评价

项目训练目的：

通过服装色彩企划过程各项任务的实施训练，掌握服装企业CI文化特征，以便将其成功运用于服装色彩的设计，为今后走向职业岗位打下基础。

教学方式：

由教师讲解服装色彩企划的程序、制定切实可行的配色方案的方法和过程、服装色彩的企划原理，利用服装色彩进行商业目标客户的服装CI企划，可以带领学生到企业去实地考察、参观。

教学要求：

1.让学生掌握服装色彩的企划过程，制定切实可行的配色方案。

2.把理论知识运用到实际中，带领学生去企业、工厂实地考察，了解企业的服装CI文化。

3.教师组织学生进行课堂讨论，并对讨论结果予以总结点评。

实训与练习：

1.了解服装色彩企划的程序，能制定切实可行的配色方案。

2.根据所学知识为某服装品牌进行色彩设计。

3.做服装品牌的市场调查，然后写出2500字左右的品牌服装案例市场调查报告。

4.将服装色彩与风格理论贯穿于品牌运作。

5.了解并掌握现代化、系统化、可检测、可控制、可评估的服装品牌色彩管理技术，将课程任务内容学以致用。

附录
中国知名品牌
服装简介

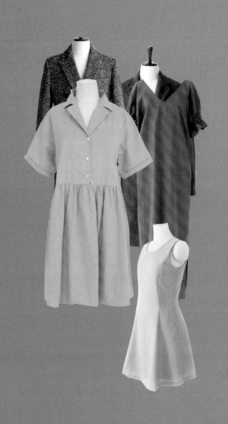

杉杉 FIRS

　　杉杉创立于1989年。杉杉品牌运营股份有限公司是宁波杉杉股份有限公司旗下的中国男装先导企业，设计、推广及销售男士商务正装及商务休闲装，品牌组合包括FIRS、SHANSHAN及LUBIAM，凭借精湛的设计制作工艺和服务水平，在职业装团体定制方面赢得了众多集团用户的认可。作为中国知名的西装品牌，杉杉在职业装的量体、加工、包装、运送发放、售后服务方面，已经形成了一整套成熟的操作流程和业务规范。随着企业新标的隆重推出，杉杉服装的企业形象和产品品质将会进一步得到提升。

　　杉杉品牌的使命：创造品位生活。愿景：打造百年经典的时尚产业平台。价值观：务实、进取、创新、共享。

　　企业文化：堂堂正正做人，做堂堂正正企业。"仰不愧于天，俯不愧于地"，不断培训、不断学习，充实内心，充满浩然正气，充满正大阳刚之气。

　　创新是杉杉的立身之本。杉杉的每一步成功都来自创新，杉杉永远都是敢为天下先，一直都是时代的先锋、时代的英雄。鼓励创新、保护创新是杉杉的企业风格。

　　奉献：个人为企业奉献，企业为社会奉献。

　　负责：就是要敢于担当。对企业负责、对股东负责、对社会负责、对员工负责，这是企业经营者的基本素质。

　　杉杉创造了中国服装界的12项第一：

　　第一个系统提出名牌发展战略，并迅速取得成功（1989年）

　　第一个提出无形资产经营理念（1990年）

　　第一个完成规范化的股份制改造（1991年）

　　第一个建成完整的目前最大的市场网络体系（1992年）

　　第一个导入CIS企业形象工程（1994年）

　　第一个上市的服装业界公司（杉杉股份有限公司1996年）

　　第一个提出"名牌、名企、名师"的"三名"联合，并推出第一个设计品牌法涵诗（1997年），填补了中国高档服装无国际化品牌的空白

　　第一个提出推广品牌文化的概念，大型时尚发布会"不是我，是风"在中国主要城市巡演20余场（1998年）

　　第一个建成国际一流水准的服装生产基地，并全面引进国外生产管理工艺，使杉杉服装的制作工艺由原来的2.5级逐步达到5级以上（1998年）

　　第一个与世界知名品牌时装公司合作，推出国际水准的多品牌时装（1998年）

　　第一个通过绿色环保认证（2000年）

　　第一个荣获中国职业装委员会评定的中国职业装行业所有奖项大满贯、也是唯一一家获此殊荣的服装行业企业。被时尚媒体FTV作专题报道（2000）

杉杉旗舰店及服饰

雅戈尔 YOUNGOR

雅戈尔服饰有限公司成立于1995年，是按国际惯例组建的现代化营销公司，主要从事雅戈尔西服、T恤、休闲装等服饰的销售工作。衬衫连续十年、西服连续五年全国销量第一，衬衫、西服、西裤评为中国名牌。公司一直致力于营销网络的建立，在全国设立了150家分公司，一个覆盖全国的自营专卖大型窗口商场，以特许专卖和团购为主要营销方式和渠道的现代化营销网络体系，2000多个商业网点，形成大的销售网络。重点发展超大型自营专卖店和窗口商场，目前自营专卖店和窗口商场销售份额分别占总销售的45%和35%。计划管理、优化库存、控制费用、减少无效库存，与此同时，不断加强数字化建设，加速市场信息反馈，缩短供应链周期，使公司能及时掌握销售网点的物流、资金流、信息流，形成计算机辅助的市场快速反应机制，进一步增强公司的核心竞争力。

作为国内服装行业的强势企业，雅戈尔率先在业内成立了职业装系列服饰设计部门，并由一支高素质的设计队伍担纲设计。雅戈尔职业装崇尚简单时尚主义的设计风格，秉承国际流行元素，既强调上班服的庄重与内敛，又不失日常装扮的时尚品位。

春秋装：男西服以经典的三粒扣、双开衩为主，量身定制的版型，确保穿着合体舒适。女装的款式、色彩变化较多，时尚又不失严谨的设计凸显女性魅力。

夏装：以衬衫、清凉套装为主，领型大方、款式简洁，面料、颜色紧跟时尚潮流。

冬装：深色的全毛面料为冬季西服的首选，棉袄的耐寒性渐渐地为上班族所接受，各种冬装服饰的设计体现雅戈尔的人文关怀。

雅戈尔的价值观：诚信、务实、责任、勤俭、和谐是雅戈尔的核心价值观。

雅戈尔崇尚"勤奋诚实、正直善良、富而不骄、满而不溢、谦而不卑、刚柔相济"的道德理念。勤勉、诚实、正直是深受雅戈尔尊崇的品格，是企业立足社会的道德基础、事业保持健康发展的保证。

雅戈尔旗舰店及服饰

罗蒙 ROMON

罗蒙集团始创于1984年，罗蒙人艰苦奋斗、改革创新，使罗蒙集团得到了稳步快速发展。其现在美国、法国、意大利、俄罗斯、日本等20多个国家进行商标注册，为中国驰名商标、中国名牌。

"创世界名牌，走国际化"，实行"多品牌经营、多元化发展"是罗蒙集团的一大战略。集团旗下已有品牌："罗蒙（男装）""ROMON"（女装）"LUOGUAN（罗冠）""XLMS"。

罗蒙集团通过罗蒙品牌OEM模式与国际大企业集团强强合作，加快国际化步伐，进而成为跻身世界著名服装品牌企业的行列。

罗蒙始终坚持以人为本，奉行顾客是创造企业财富的重要资源的理念，为进一步塑造完美的企业形象，公司围绕"顾客第一、热情真诚、耐心细致"建立了一整套售前、售中、售后的个性化服务体系，并导入CIS工程，实行CRM（客户关系管理），建立客户电脑档案，完善客户跟踪服务体系，实现了经济学新规律中的"锁定法则"，以忠诚的服务为每一位顾客提供舒适的购物环境，真正达到顾客满意度百分百。

品牌战略：以"服装艺术家"为定位，加大品牌对外推广力度，增加电视及网络媒体宣传力度，扩大平面媒体覆盖面，继续做好名牌战略工作，努力争创世界名牌。

产品战略：继续创新设计，提高产品附加值，与国内外顶级设计师、物流顾问公司等合作，全面推动罗蒙产品战略及服务发展。

罗蒙旗舰店及服饰

柒牌男装

柒牌集团有限公司成立于1979年，是一家以服饰研发、制造和销售为一体的综合性集团公司。柒牌集团始终坚持"务实求新，和谐共创"的经营理念，实行"立中华时尚、铸一流企业、创世界名牌"的品牌战略，树立柒牌"比肩世界男装"的品牌形象。

柒牌集团2001年进入全国服装500强民营企业行列，被评为中国服装行业优势企业、中国纺织十大品牌文化企业。柒牌系列产品多次荣获中国服装十佳过硬品牌、中国驰名商标、中国名牌产品、国家免检产品等殊荣。2009年，经世界品牌实验室评定，柒牌品牌价值80.61亿元，位居中国纺织服装行业品牌前列。

柒牌，一个根植于中华大地，在中华文明的熏陶下茁壮成长的男装品牌。它的躯体里翻腾的是中华民族豪情万丈、自强不息的血液。中华民族五千年的时尚文化积淀把柒牌推向国际时尚的潮头浪尖。"源于中华，成于世界"，成为柒牌传承中华基因、融入世界潮流的时尚使命。

未来，柒牌集团将在"中国心、中国情、中国创"的核心理念指导下，秉持"立中华时尚、铸一流企业、创世界名牌"的宏伟战略目标，在国内外构建研发基地，新建全国性物流仓储中心，建立中华时尚产业园，深度开辟国内高端服装消费市场，继而进军国际市场。

柒牌男装旗舰店及服饰

利郎 LILANZ

利郎集团（LILANZ）始创于1987年，是一家集产品设计、开发、生产、营销于一体的男装品牌，拥有利郎主品牌以及利郎轻商务系列两大产品主线，涵盖服装、鞋类、配饰等。

中国利郎是中国领先的男装品牌企业之一。作为一家综合时装企业，集团设计、采购、生产并销售优质男士商务休闲及时尚休闲服装。公司坚持"为人类的'简约而不简单'的生活方式和态度，奋斗拼搏，贡献所有的激情和智慧"的经营理念，制定"走国际化、标准化道路，引领中国男装新时尚、新潮流"的发展战略，以市场为导向，以名牌为依托，走品牌经营之路，争创同行业"品质、形象、服务"一流的企业。

"简约而不简单"，是利郎的设计哲学，也是利郎多年来精心诠释和演绎的核心价值。从最初的"取舍之间、彰显智慧"，到"多则惑，少则明"的舍弃哲理，再到"世界无界，心容则容"的高远境界，每一步探索，简约与精致同行，突破与传统融汇。在不懈的求解、取舍、升华中，融合中国智慧的利郎简约哲学融汇而成包容世界的简约新主张，为全球商务人士带来全新的品牌价值体验。

在全品类研发设计方面，利郎产品主要分为正统与休闲时尚两大类，四季都有自己的产品，并辅之衬衣、皮鞋、领带、皮具等相配套的产品，工艺精湛、款式新颖、质量上乘，适合中国消费者的品位。在此基础上，公司牢牢把握时代脉搏，引领时尚之潮流，及时、适时地将传统的夹克衫经过设计、改版，在服装界率先推出了"利郎商务休闲系列"，提出"商务休闲"的新概念，使其符合现代商务白领等成功人士的穿着需求，定位准确，市场切入点精准。

利郎旗舰店及服饰

恒源祥

恒源祥，创立于1927年的上海。2005年12月22日，恒源祥集团正式成为2008年北京奥运会赞助商；2008年11月30日，恒源祥成为中国奥委会的合作伙伴；2012年11月20日，恒源祥成为2013～2016中国奥委会赞助商。恒源祥成功地为北京、伦敦、里约三届奥运会中国体育代表团打造了礼仪服饰。2019年11月18日，恒源祥正式成为北京2022年冬奥会和冬残奥会官方赞助商；同年9月16日，国际奥委会官方宣布：恒源祥将在东京奥运会和北京冬奥会期间为国际奥委会成员及工作人员提供官方正装。

2015年4月15日晚，由恒源祥集团主办的2015劳伦斯世界体育奖颁奖典礼在上海大剧院成功举行。2017年，恒源祥成为国际武术联合会全球合作伙伴；同年，首届轮滑全项目世锦赛——恒源祥世界全项目轮滑锦标赛在南京成功举办。

恒源祥集团经营产品涵盖绒线、针织、服饰、家纺、童装等大类。截至2019年12月，恒源祥拥有100余家加盟工厂，线下经销商约170家，零售网点超过1000家，线上店铺超过6500家。2010年，恒源祥（北京）公司正式成立。恒源祥集团荣获"全国工业品牌培育示范企业"称号，被科技部授予"国家火炬计划重点高新技术企业"称号，获得"亚洲品牌500强"称号。

使命：成为历史的一部分

价值观：持续为社会创造价值

行为特征：了解文化、了解命运；掌握文化、掌握命运；改变文化、改变命运

管理风格：有使命、自组织、自管理、无边界

经营理念：成为一个能生、能长的公司

公司的责任：推动人类社会的进步和发展

恒源祥旗舰店及服饰

TAHAN 太和女装

　　太和TAHAN，是武汉太和服饰有限公司旗下知名女装品牌，曾在中国国际服装服饰博览会、上海国际服装博览会、中国服装周暨中国设计博览会上多次荣获大奖，并于1998年12月，被中国工商时报评为中国女装第一品牌，夺得服装品牌最高殊荣。"太"为极致，"和"为协调，"太和"寓意一种极致完美的生活方式。太和TAHAN注重与时尚女性沟通，营造全新的时尚生活方式。

　　产品优势：在专业的设计团队之外拥有专业买手团队，对市场流行的把控精准而及时。同时拥有稳定的服装加工生产管理团队，对服装生产制作的标准已达国际水平。

　　品控优势：公司非常重视产品质量工作，确定了以质量为品牌生命的经营理念，公司组建了集产品内控标准制定、面辅料质量控制、产前样质量评审、产品生产过程质量控制、成品出厂前质量把关、售后服务以及制定改善产品质量措施为一体的、一站式解决产品质量和售后问题的产品部。公司建立了ISO9001质量管理体系，为产品质量提供了优越条件。

　　年龄定位：30 ～ 45岁的都市成熟女性。

　　品牌定位：优雅、自信、独立、质感、简约、高贵、经典。

　　品牌理念：创造并销售经典优雅的成熟女装产品及相关衍生品，为追求生活品质的女性提供满足不同场合需求的着装，传递自信优雅能量。

　　产品系列：衬衣、半裙、连衣裙、裤子、针织衫、毛衫、马甲、大衣、中褛、羽绒服、棉服、风衣、皮裘、配饰等。

太和旗舰店及服饰

太平鸟 PEACEBIRD

　　"太平鸟"品牌创立于1996年。至今，太平鸟一直位列全国服装行业销售收入和利润双百强单位行列。经公司不断地发展，品牌女装作为太平鸟集团的主营业务，品牌集团VI服装一直是太平鸟集团发展的根本和支柱，致力于"让每个人享受时尚的乐趣"。

　　经过多年的培育和发展，太平鸟的服装版块已形成了多公司（太平鸟时尚女装公司、太平鸟风尚男装公司、太平鸟股份有限公司、魔法风尚、乐町以及贝斯堡公司等）、多品牌（太平鸟、贝斯堡、魔法风尚、帕加尼、乐町等）、多系列（COLLECTION、TRENDY、JEANS等）共同发展的良好态势。太平鸟女装的品牌发展最为迅速。以市场细分为基点，以市场需求为导向，太平鸟独创了具有中国特色的服装细分概念。原先典雅的COLLECTION、富有艺术气质的TRENDY、随性的JEANS、魔幻东京的乐町，一度成为女装旗下相辅相成的四款系列。

　　太平鸟设计团队吸收全球先进时尚理念，捕捉国际流行元素，逐步形成独具时尚特色和创新理念的COLLECTION、TRENDY、JEANS、乐町等产品系列，以"时尚、舒适、真诚、专业、高效"的营运服务等领先优势，赢得了广大目标消费群的青睐。魔法风尚在太平鸟产品优势的基础上，利用网络渠道向目标消费群体提供太平鸟服饰、时尚资讯，传递时尚理念。

　　太平鸟服饰品牌肩负"倡导时尚理念、引领时尚生活"的企业使命，紧紧把握时尚潮流发展主线，立志将太平鸟打造成为"中国第一时尚品牌"，并以国际知名的大型时尚产业集团和中国的世界品牌为企业的远期发展愿景，成为中国大众时尚界的一面旗帜。

太平鸟旗舰店及服饰

参考文献

[1] [美]保罗·芝兰斯基，玛丽·帕特·费希尔.色彩概论.文沛，译.上海：上海人民美术出版社，2004.

[2] 史悠鹏，郭建南.服装色彩设计.杭州：浙江人民美术出版社，2002.

[3] [英]卢里.解读服装.北京：中国纺织出版社，2000.

[4] [英]贡布里希.秩序感.杨思梁，徐一维，译.杭州：浙江摄影出版社，2000.

[5] 辛华泉.造型基础.西安：陕西人民美术出版社，2002.

[6] [美]保罗·芝兰斯基.色彩概论.上海：上海人民美术出版社，2004.

[7] [日]视觉设计研究所.绘画色彩基础教程.北京：中国青年出版社，2004.

[8] [美]莱斯利·卡巴加.环球配色惯例.上海：上海人民美术出版社，2003.

[9] 吴冠中.望尽天涯路.广西：广西美术出版社，2003.

[10] 张殊琳.服装色彩.3版.北京：高等教育出版社，2015.

[11] 唐宇冰.服装设计表现.北京：高等教育出版社，2003.

[12] 庄丽新.成衣品牌与商品企划.北京：中国纺织出版社，2004.

[13] 庞绮.服装色彩.北京：中国轻工业出版社，2001.

[14] 李莉婷.服装色彩设计.2版.北京：中国纺织出版社，2015.

[15] 贾京生.服装色彩.北京：高等教育出版社，1999.

[16] 黄元庆.服装色彩学.6版.北京：中国纺织出版社，2014.

[17] [英]卡罗琳·特森，朱利安·西门.英国时装设计绘画教程.黄文丽，文学武，译.上海：上海人民美术出版社，2005.

[18] 徐苏，徐雪漫.服装设计学.北京：高等教育出版社，2003.

[19] 王杰.美学.北京：高等教育出版社，2004.

[20] 仇德辉.统一价值论.北京：中国科学技术出版社，1998.